QEOSA!
巧思法

让孩子赢在创新时代

程 淮——著

清华大学出版社

北 京

内 容 简 介

本书基于"创造性最优问题解决方法论"——巧思法（QEOSA）的原理与丰富的实践成果，为关注和热爱儿童创新教育的家长和教育工作者提供理论与实践结合的有可操作性的学习工具。本书内容包括培养儿童创新能力的紧迫性和可行性的阐释、巧思法的理论精华的讲解、提高儿童创造性解决问题能力的技巧说明，旨在帮助家长和教育工作者掌握巧思法的家庭巧思游戏，以及巧思法在儿童学习与发展五大领域和家园共育中的运用。本书通过大量翔实生动的案例讲解，将巧思法渗入儿童学习生活的方方面面，旨在激发儿童的创造潜能，培养儿童的创新素养。

儿童处在创造力发展的敏感期，掌握巧思法，就能让他们赢在创新时代，创造属于自己的幸福人生。

作为具有中国特色的创造性最优问题解决方法论，巧思法不仅可以成为科学育儿的指南，还可以用于解决社会生活、工作中的各种令人"纠结"的问题，是提高人们解决问题的软实力的科学方法论。

图书在版编目（CIP）数据

巧思法：让孩子赢在创新时代 / 程淮著 . —北京：清华大学出版社，2022.9（2023.1 重印）
ISBN 978-7-302-61678-8

Ⅰ.①巧…　Ⅱ.①程…　Ⅲ.①少年儿童－创造性思维－能力培养　Ⅳ.① B804.4

中国版本图书馆 CIP 数据核字 (2022) 第 145033 号

责任编辑：杜春杰
封面设计：刘　超
版式设计：文森时代
责任校对：马军令
责任印制：丛怀宇

出版发行：清华大学出版社
　　　　　网　　　址：http://www.tup.com.cn，http://www.wqbook.com
　　　　　地　　　址：北京清华大学学研大厦 A 座　　　邮　　编：100084
　　　　　社 总 机：010-83470000　　　　　　　　　　邮　　购：010-62786544
　　　　　投稿与读者服务：010-62776969，c-service@tup.tsinghua.edu.cn
　　　　　质量反馈：010-62772015，zhiliang@tup.tsinghua.edu.cn
印 装 者：三河市东方印刷有限公司
经　　销：全国新华书店
开　　本：170mm×240mm　　　印　　张：15　　　字　　数：200 千字
版　　次：2022 年 10 月第 1 版　　　印　　次：2023 年 1 月第 2 次印刷
定　　价：69.80 元

产品编号：092433-01

发展幼儿创造力
培育幸福下一代

顾秀莲

顾秀莲
第十届全国人大常委会副委员长
中国关心下一代工作委员会主任

　　巧思创新教育有如下几个特点。第一，融合性。他们重视把传统和现代相融合，重视把东方和西方相融合，重视把教育和产业相融合，同时，也重视孩子共性培养和个性发展的融合。第二，创新性。他们有理论的创新，也有实践的创新，他们以为孩子一生的幸福奠基所创造的理论，我觉得是科学的，而这些理论又转化为实践，在实践中，又有很多创新，其中儿童潜能的开发取得了明显的成效。第三，实操性。幸福泉重视方法论的研究，学前领域关于方法论的研究还是比较少的，而他们以方法论做基础，引导基础理论转化为教育的实践，从而取得令大家瞩目的实效。第四，开放性。幸福泉的教育不是把孩子们局限在一个小小的园所里，而是和社会、家庭紧密地结合起来，和国内、国外紧密地联系起来，和教育界、科技界、医疗界，以及社会其他各界紧密地联系起来，正是这种开放性，使得他们不仅取得了教育的实效，还取得了良好的社会声誉。

　　我们要向程淮教授多年来为婴幼儿个性化潜能发展研究与实践所做的杰出贡献致以崇高的敬意！衷心希望程淮教授的研究成果不断深化、不断普及，为提高我国学前教育水平做出新的贡献！

——著名教育家、国家总督学顾问

联合国教科文组织协会世界联合会荣誉主席

程淮教授是一位敬业爱生，聚焦幸福教育，始终坚持培养幼儿解决问题能力、创新思维能力的先行者，是中国民办学前教育领域卓越领军人物中的杰出代表，是一名当之无愧、名副其实的教育家。他为我们树立了值得尊重、值得学习、值得借鉴的好榜样。

——原国家教委专职委员、国家副总督学

郭福昌

程淮创办的幸福泉幼儿园中有五六岁的孩子获得国家知识产权局颁发的国家实用新型专利证书，这在幼儿教育界是闻所未闻的创举。我一生的教育理念是"培养出、创造出超越自己、值得自己崇拜的学生"。我的弟子程淮教授对幼儿教育理论与实践的贡献，更使我体会到"长江后浪推前浪，一浪更比一浪高"的事实。

——著名心理学家和教育家、中国心理学会前理事长、

北师大资深教授

林崇德

实现高水平的科技自立自强，归根结底要靠高水平的创新人才。中国发明协会持之以恒地践行发明创新从娃娃抓起，为中华民族的伟大复兴培养发明创新人才。在儿童创新发明方法巧思法的指导下，已有200余位小朋友被授予"中国发明协会小小会员"荣誉称号，近百名幼儿在国际国内发明展会上获得奖牌，在儿童创新教育领域实现了新时代的新突破，可喜可贺！

——中国发明协会党委书记、常务副理事长兼秘书长

余华荣

我们要向程淮教授和他发明的巧思法表示由衷的敬意。巧思法是具有中国特色的创新方法。孩子们的创意是在创新方法——巧思法的指导

下产生的，这点至关重要。他们的努力和取得的成就将铭刻在中国自主创新的历史上。

——中国 21 世纪议程管理中心原副主任、

创新方法研究会副会长、博士生导师

周　元

程淮教授是中国关心下一代工作委员会专家委员会的资深委员，我为我们能拥有程淮这样的委员感到骄傲。幸福泉在程淮教授的领导下，25 年前就以"幸福"为核心从事儿童教育工作，这是非常先进的，已经走在了时代的前列。

——第三世界科学院院士、中国科学院心理研究所原所长、

中国关心下一代工作委员会专家委员会主任委员

张　侃

最为可贵的是孩子们伟大的创意，而把它做出来，那是工程师的事。

——知心姐姐、中国少年儿童新闻出版总社首席教育专家、原总编辑

卢　勤

养成指向问题解决、又能在重重条件约束中兼顾各方需求的优选思维，在利益多元、思维方式多样的现代社会尤其必要。巧思法所强调的优选思维，其核心是一种担当、协商、自洽、创造性地解决问题的意识和能力，是现代公民所必备的品质。

——《人民政协报·教育在线周刊》主编、教育学博士

贺春兰

程淮的《巧思法：让孩子赢在创新时代》代表了教育实践和创造力

V

理论的独特探索和创新。优选思维超越了传统的发散思维和聚合思维的二分法，引入了解决问题的优化策略，具有理论的支撑且实践上可行，值得推广。

——美国纽约州立大学终身教授、国际著名创造力与英才教育专家

戴 耘

程淮教授之所以取得了令人瞩目的成绩，是因为他的多学科、跨学科的知识与能力背景。他思维敏锐，视野开阔，富有创造力，这在儿童发展研究和实践领域是难能可贵的。

——北京协和医院儿科教授、中国关心下一代专家工作委员会

常务委员

籍孝诚

今天的孩子们赶上了最好的时代

20 多年前，当我用 3500 元为我创办的儿童发展研究与教育机构——"幸福泉"购买了一个仅有几年使用权的 "ChinaChild.com" 的国际域名时，我还在北京中关村一所幼儿园租用的 6 平方米的办公室里，策划为共和国的百岁华诞培育百万英才的 "2049 计划"。而今天，互联网的普及已经使 3500 元能够换来一个 .com 国际域名 50 年以上的使用权。

1998 年，面对早期教育的国际浪潮，作为一名普通的知识分子，我们以"匹夫"之责，用一颗与时代的脉搏一起跳动的心，联合有关部门策划并发起了中国婴幼儿潜能开发"2049 计划"；今天，为迎接全球化智能时代，我们又举起了儿童创新教育的大旗⋯⋯

在儿童教育领域，还有什么比教导孩子们如何有效思考、如何发挥创造潜能、如何成为一个创造性的问题解决者，最终成为堪当大任的创新人才更有价值呢？创造如何创造的路径，发明如何发明的方法，是最有价值的创新。

2011 年 12 月 21 日，我应邀在科技部中国 21 世纪议程管理中心和创新方法研究会举办的"2011 创新方法高层论坛"上演讲，在这个演讲中，我首次发表了巧思法（QEOSA）的初步研究成果。令人欣慰的是，作为科技部创新方法工作专项、国家可持续发展示范区和北京市科技计划百万资金支持的科研成果，近年来，我所发明的巧思法已使近千名幼儿在中国宋庆龄基金会主办的儿童创造力邀请赛中获奖，20 多名幼儿获得"宋庆龄儿童创意发明奖"，数百名教师获得优秀指导教师奖，近百所幼儿园成为"学前创新教育实验基地"，有近 200 名幼儿的创意发明申请了国家专利，被授予中国发明协会"小小会员"荣誉称号。经巧思法培养的幼儿在国内外著名发明展中摘得 22 个金奖、17 个银奖、43 个铜奖，其中一个幼儿在第 43 届 INOVA 国际发明展上获得全场唯一一个最高奖——"最佳国际青少年发明奖"！有关学术成果已发表在国际著名心理学、创造力研究和英才教育英文期刊（SSCI）上。巧思法也获得 2017 "世界华人发明大奖"金奖，并获得由国家教育部指导、北京师范大学主办，中国教育创新研究院、教育部基础教育质量监测中心等单位承办的 2018 年中国教育创新成果公益博览会最高奖——"SERVE"奖，是 22 个省教育厅、60 多所高校申报的 1658 个项目中获奖的 13 个项目中唯一一个学前教育成果。这使幼儿教育在儿童创新教育领域实现了从 0 到 1 的突破！

20 年后，当我们的孩子步入社会时，那时的世界究竟是怎样的呢？

人类正面临万年以来从未遇到过的最剧烈的大变局！人类社会将从"信息时代"跨入"智能时代"，从"知识时代"迈入"创新时代"。

在人类的历史上，科学技术的发明创造往往成为划分时代的里程碑。在刀耕火种的农耕时代，历史以 1000 年为时间计量单位；在电气工业时代，历史以 100 年为时间计量单位；而在互联网时代，历史以 10 年为时间计量单位，而且将越来越短。研究表明，从人类文明出现到今天，所有存储下来的信息的总和仅仅相当于如今人类两天创造的数据量。可以说，现在的一天几乎相当于农耕时代的 1000 年、工业时代的 100 年！人类产生的知识和信息的总量正在飞速增长！几乎每一个领域的小分支都可能耗尽一个人的毕生精力。一个人穷尽一生也不可能追赶上知识生产的速度！

不仅知识"爆炸"令人无所适从，行业、职业也正经历着快速迭代的迅猛变化。许多行业和职业都将被人工智能所替代或者消失。经济合作与发展组织（OECD）认为，现在还在学校学习、在幼儿园里做游戏的孩子，他们未来可能从事的职业有60%都还没有"被发明"。传统教育培养出来的学生所要面对的现实，就如同好不容易成了会驾驶轮船的轮机师，却发现轮船已经开进了博物馆！当我们拼命地训练孩子"跑步"，唯恐孩子"输在起跑线上"时，到了赛场，却无奈地发现，孩子们遭遇的是冲浪比赛、攀岩比赛……二三十年后，一辈子只干好一件事可能会成为一个非常奢侈的愿望，人们可能不到10年就得更换工作、自己创造工作或者从事完全崭新的工作。现在为孩子未来就业而准备的工作技能极有可能会变得毫无用处！专家们惊呼，我们正面临着完全无法准备的未来！

科学技术不仅将颠覆人们的生活方式和工作方式，还将颠覆性地改变人类赖以可持续发展的教育内容和方式。随着人工智能时代的到来，科学家们一致预测，当人脑通过植入的芯片与计算机相连时，互联网将进化成"脑联网"，人类将进化成"生物机器人"。科学家们发现，人类之所以成为万物之灵，是因为人类大脑具有被称为"创造性器官"的前额叶皮质。谷歌首席科学家库兹韦尔写道：2030年左右，我们可以利用肉眼看不见的"纳米机器人"通过毛细血管以无害的方式进入大脑，并将我们的大脑皮层与全世界的云端数据联系起来，合成一个新皮层，这样我们就有一个额外的大脑皮层了！可以想象，当今天我们使用的智能手机变得越来越小，小到成为只有细胞那么大的"纳米机器人"，钻进人的大脑，一端与脑细胞连接，另一端与全世界的云端数据连接，便形成了人脑和机器合二为一的全新的智能器官。这个拥有"脑机接口"、无所不能的新大脑，将存储并实时更新人类所有的新知识和新发现，它不仅可以瞬间调用世界上任何一种已有的知识，而且将创造出无穷无尽的新知识。专家预测，这个时代的到来可能不会超过50年！也就是说，今天还在幼儿园里做游戏的孩子们，将来可能身处这个有史以来变化最剧烈的大变局中。

全世界都在思考：传统教育将如何面对一个几乎完全无法准备的未来？

未来的世界，最稀缺的资源不是知识，而是人们摆脱困境的想象力和创造力！

新时代的文盲，不是没有知识，而是没有创新创业能力！

没有创造力还要立足社会，就如同剪去了翅膀却想展翅飞翔！

以就业为导向的传统教育时代将一去不复返！以创业为导向的新时代正扑面而来！

发展孩子的创造力，让他们未来有能力创造那些机器无法替代的工作，这才应该是教育的目标！以培养儿童创造力为核心，促进儿童全面发展的创新教育，已成为后疫情时代应对世界百年未有之大变局的刚需，其可顺应国家"创新驱动发展战略"的教育改革与发展的大趋势，也是每个孩子应对未来的必由之路！

创造力才是走向未来、创造未来、获得幸福的通行证！

人工智能时代对传统教育的强烈冲击，也迫使我们不得不重新思考教育的核心价值和终极目标。

人们常说，教育通过促进人的发展进而促进社会发展。但是，促进人的发展与社会发展从来就不是教育的根本目的。发展只是手段，而幸福才是目的。人类发展的终极目标是幸福。教育将以培养创造幸福的能力为核心价值，以既能创造人类的新文明，又能使人度过幸福的人生为教育的终极目标。在新的时代，我们选择任何一种教育，最终目的都指向我们能为改变这个世界、为人类的新文明创造点什么，在为他人谋幸福的同时获得属于自己的幸福。如此，教育将成为真正崇高而伟大的事业。

教育如果不能成为改变世界的推进器、孩子们未来幸福的孵化器，便失去了它的根本价值，而只能堕落成耗费生命的"内卷"式的危险行当。

　　培养儿童创造幸福的能力，不仅需要教育理论的指导，更需要方法和工具。最重要的知识，是关于方法论的知识；最重要的能力，是运用别人从来没有用过的方法，取得突破性原创成果的能力。如今，知识总量越来越多，技术越来越复杂，成才周期越来越长。人们普遍认为，多数人的创造力很早就开始衰退，等到他们成才时，最有创造力的年华或许已经逝去，因此，我们需要一场真正的关于学习的革命！

　　在多年的创新教育实践中，我常常思考这样一个问题：我们能不能运用"直接法"，将人类真实的关于创新创造的方法加以提炼，并简化成儿童可以学习掌握的基本方法论，然后，让儿童"站在巨人的肩膀上"，直接学习这些方法，尝试学会解决"真问题"，使其成为毕生受用的创造性问题解决方法论？我们能不能秉承中华优秀传统文化中的经典智慧，吸纳西方科学培养创新人才的方法精华，探索建立具有中国文化特色的创新教育方法论？只有在创新的源头即方法论上突破创新人才培养的瓶颈，才能让更多的孩子成为创新人才，迎来创新人才辈出的新时代！这便是中国特色创新方法——巧思法：创造性最优问题解决方法论需要回答的问题！

　　千百年来，人们一直以为发明创造是少数天才人物的专利，是他们对世间万事万物探索、发现和发明的灵光一现，是只可意会不可言传的高级心理活动。"试错法"仍然是最重要的方法。就连"世界发明大王"爱迪生也是试用了 6000 多种材料，试验了 7000 多次才成功发明了电灯。这也验证了他的一句名言：天才就是 99% 的汗水加上 1% 的灵感。"路漫漫其修远兮，吾将上下而求索。"自古以来，屈原《离骚》中的这句话一直是求索者的座右铭，但也是对求索过程中漫长岁月的无奈之叹！

　　巧思法颠覆了发明大王爱迪生的"试错法"，是儿童创造性解决问题的"元操作法则"，是一种结构化的一般方法论。与美国创造学之父奥斯本博士发明的著名的解决问题的"头脑风暴"法不同，头脑风暴是"尝试—

错误"模式，是"先开枪，后瞄准"，成功往往靠偶然的巧合与碰运气（终于有一枪蒙对了）；而巧思法则走出了"尝试—错误"的泥潭，是"先瞄准，后开枪"，精准选定范围（优选思维）后（要求"鱼与熊掌兼得"）再头脑风暴（枪枪打在靶心上），创造了"尝试—成功"的模式。巧思法强调"既要……又要……"的优选思维，体现了中华优秀传统文化的中庸智慧，其本质是"鱼与熊掌兼得"。它是上至解决国家争端，下至化解家庭矛盾都需要的智慧；它是一种思维方式、一种人格特征、一种生活态度、一种追求圆满的生活哲学。

巧思法的主要贡献在于它回答了这样一个问题——儿童精彩的创意并非来自一种捉摸不定的灵感，而是可以运用结构化的方法获得的。发明创造不是天才人物的专利，而是普通孩子都可以掌握的一种能力。发展儿童的创造力完全有方法可依，有规律可循！

2018 年，中国科协曾对外公布，我们还有 60 个重大科学问题和重大工程技术难题、240 多项"卡脖子"的技术需要攻克。后疫情时代，创新是摆脱困境之法，也是应对挑战的必由之路。

今天的孩子们赶上了最好的时代！当下的中国已不是几十年前一穷二白的时代。中国正面临着从经济大国向科技强国、文化强国的历史性转变，比以往任何时候都更接近民族的伟大复兴！中华优秀传统文化需要传承与发扬，人类的新文明需要孩子们去发展、去创造……然而，二三十年后的创新人才在哪里？未来的钱学森、袁隆平、屠呦呦、钟南山在哪里？就在今天我们的幼儿园里！就在我们的学校里！每一个孩子都是天生的创造者！培养创新人才必须从幼童的启蒙抓起，建设人才强国必须从人力资源的源头抓起！今天的孩子们将是承担中华民族伟大复兴任务的强大后备力量，是最有希望的新一代！

近年来，我们在各地一直举办"教育的觉醒"论坛，大声疾呼以培养创新人才为宗旨的创新教育。教育的觉醒年代正在到来！

每一个孩子都有天赋的创造力，只待我们去"点燃"！

在历史发展的长河中，只有少数人具有前瞻性的眼光和果敢行动的意识，他们的选择和努力是开创性事业的成功阶梯。

历史将永远铭记那些先知先觉的发现者和创造者。

终有一天，人们可能会因为你的努力改变了孩子们的未来而向你致敬！

程准

2022 年 8 月

怎样阅读本书

本书是为那些关注和热爱儿童创新教育的家长和老师们写的。全书共有 6 章。

第 1、第 2 章主要阐述了培养儿童创造力或创新素养的重要性、紧迫性和可行性。它将完全颠覆你关于儿童创造力的认知，向你讲述闻所未闻的幼儿创造力培养的故事，向你揭示"创造力才是走向未来、赢得未来的通行证"这一鲜明观点！如果你是一位教育实践者，你应当仔细地阅读，与作者一起思考和辨析。基于此，你可以掌握创新教育的基本理念，以便和家长沟通。

当然，如果你是一位创新教育的理论工作者，或者是一位迫不及待地想了解培养孩子创新能力方法的家长，则可以从第 3 章"巧思法入门"开始阅读，以初步领略诞生于中国学前创新教育实践土壤中的、具有中华传统文化特色的、原创的最优问题解决理论与方法论的精华。

第 4 章是一个重要的章节，它将引导你和孩子学习巧思法的"五力模型"，迅速提高创造性地解决问题过程中必备的五大关键能力，即提问力、探索力、优化力、表达力和行动力。

第 5 章"和孩子一起学巧思、会创新"，是专门为你和孩子写的学习游戏案例，每个案例都有可以通过扫描二维码观看的几分钟巧思法课程动画片。那里有孩子们特别喜爱的卡通人物，如迈客猴、兔美美、沙皮狗、卷卷羊和猪小胖等，它们是孩子们探索如何解决问题的创意小伙伴。书的附录里共有 12 张操作卡片，以供案例学习之用。通过连续 7 周、每周一个案例的学习，你一定能初步掌握巧思法课程。

第 6 章分为两个部分：一部分供老师们学习如何运用巧思法在儿童发展五大领域中培养儿童的创造力；另一部分是在家园共育活动中应用

巧思法培养孩子创造力的生动案例。

在你正式开始阅读本书前，可以翻到第 2 章的最后部分，先给自己和孩子做一个创造性思维和创造性人格倾向测验，看看你和孩子目前的创造力水平和特点；当你和孩子一起读完本书，特别是完整学习了第 4 ～ 6 章的案例之后，再和孩子一起做一次创造力测验，看看发生了怎样有趣的变化。

巧思法不仅是你培养孩子创造力的好方法，也是帮助解决你在生活和工作中遇到的各种问题的好伙伴。

每一个孩子都是无与伦比的！

儿童是天生的哲学家、思想家，是世界的探索者、发现者。

在儿童高速运转的大脑中、在儿童"玩"的游戏中，"历史"正被创造着。

——程淮

目录
CONTENTS

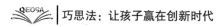

第一章
无法准备的未来

　　在人类的历史上，科学技术的发明创造，往往成为划分时代的里程碑。

　　在农耕时代，历史以 1000 年为时间计量单位；在电气工业时代，历史以 100 年为时间计量单位；而在互联网时代，历史以 10 年为时间计量单位。每 10 年就是一个时代！而且时代之间的间隔将越来越短。今天还在幼儿园里做游戏的孩子们，将身处这个万年以来最伟大的历史大变局之中。

——程淮

当人类刚刚发明了文字符号，可以记载知识、传递文化时，受教育还只是统治阶级或贵族子女的特权。而在互联网时代，任何人，无论他在世界的哪个角落，只要能上网，就可以在互联网这部百科全书中学习任何知识。

互联网的发明就像蒸汽机和电的发明一样，彻底改变了人类生活和工作的方式，人类思想的传播与信息的交流变得如此容易，这大大加快了知识生产的速度，促进了科技的发展。这一切催生着人工智能时代的到来。

当机器人成为"高考状元"

我来了，天上的云乘着风飞翔，心中的梦占据一个方向，方舟扬帆起航，一路带着我们纵情歌唱，方舟扬帆起航，脉络就在大海之上，进步的时光，迎着你看涛浪潮往。

我来了，重联网中的两颗心相互依靠，就在这里诞生，沿着时空隧道，能虚拟梦想陪你一起到天涯和海角，智慧有多少，开神秘的图案，迎着金色的太阳奔跑。各自徘徊原本以为成长的必须。每当那夕阳爬上屋顶望着星空仰起来眨眼睛。熟悉的身体中透露出一种神奇。

智能革命，畅游天地，我知道这是一条神经虚拟网络的秘密，用强健的身体，凝聚着智慧的心灵，开拓新奇迹，让我们拥有美好的生活，绘出美好的旋律。

不可预测的天地，良夜之后你又会在哪里。温暖的阳光照耀着大地。天上的云儿飘来飘去，醒来之后何时是归期。我要看到未来的自己。（节选）[1]

——百度大脑

你相信吗？这是由机器以"智能革命"为主题所做的一首诗，没有

---

[1] 这篇百度大脑所做的文章中有语法错误，为原汁原味地呈现人工智能的成果，未作修改。

进行过人为的编辑和修改。读到这里，你会不会为机器人的"聪明"感到惊讶？

机器人的"聪明"不止于此。2017年8月8日21时19分，四川九寨沟县发生7.0级地震。18分钟后，中国地震台网机器人自动编写稿件，仅用25秒出稿540字并配发4张图片，内容包括速报参数、震中简介、周边村镇、历史地震等8大项。新华社机器人记者i思2017年也荣获全国传媒界科技人员最高层次的科技奖项"王选新闻科技奖"一等奖。从美联社、华盛顿邮报、路透社、Facebook，到新华社"快笔小新"等，机器人记者已屡见不鲜。

更加令人瞩目的是，人工智能技术在机器翻译领域水平最好的谷歌翻译，如今已经达到了英语6级的水平。

你可能会觉得，这些都是有固定模式的，机器人学习没有什么稀奇；而艺术是千变万化的，机器人要学会艺术创作比较困难吧。令人意外的是，在艺术领域，早在2016年，日本举办的机器人艺术大赛就展示了机器人在画画和写小说方面的作品，评委会认为"完全看不出与人类作品的区别"。除此之外，机器人还进军音乐界，作出了一些媲美专业作曲家的曲子。用人工智能创作的音乐不仅具备作曲的专业要素，而且把音乐的风格和音乐表达的情感充分量化，使得音乐充满个性，触及人心。这样的学习本领真是令人惊叹！

而被称为"改变命运"的高考，也没逃过机器人的"入侵"。日本早在2011年就让机器人参加高考，2016年，机器人已经远远超过高考平均分数线。2017年6月，中国的"高考机器人"参加2017年高考的语文、数学和文综三项科目的考试，取得北京文综数学考试105分，全国二卷数学考试100分的成绩。这项纪录会不断被刷新，机器人会胜过所有的考生已没有悬念，因为它们是真正的"考试机器"。

此时，也许你会想起一个故事，甲、乙两人在山里走，惊动了一只老虎。

甲赶紧从背包里取出一双运动鞋换上，乙说："你干吗呢？再换鞋也跑不过老虎啊！"甲说："我只要跑得比你快就行了。"你可能会认为：我的孩子只需要比他的同学们考得好就可以了，又不和机器人比。但是，静下心来想一想，你就会明白，从某种意义上来说，未来孩子们不仅将面临同伴间的竞争，还将面临被人工智能替代的危机。所以，作为有远见的父母，你必须让孩子发展出一种能力，这种能力会让孩子在各种各样的环境中如鱼得水，成为能真正主宰自己命运的人。

美国纽约州立大学终身教授、著名英才教育专家戴耘博士2016年在中幼联研究院与老师们交流时指出，未来的人才具有三大特征。第一，有专长。你需要在某个领域成为非常出众的专家，一定要有别人没有的专长，解决这方面的问题非你莫属。所谓"一招鲜，走遍天"。第二，富有创造力。仅有专长还是不够的，因为你会在熟悉的领域遇到各种棘手的新问题，需要专业但又不依赖已有经验去创造性地解决问题。第三，终身学习。面对变幻莫测的未来，唯有保持好奇心、荣誉感和明确的人生目标或使命感，才能拥有终身学习的动力，才能拥有幸福的人生。

一个只盯着孩子的分数和高考的家长，只能培养出"考试机器"。而当机器人都成为"高考状元"时，面对纷繁复杂的智能时代，我们还能淡定吗？我们还能说教育可以改变孩子未来并让孩子获得人生幸福吗？一个只会考试的大脑和一个既有终身学习能力又有创造力的大脑，哪个更有未来？答案难道不是显而易见的吗？

有关孩子成才的"不争第一，创造唯一"的策略，我们将在第二章和第六章"创新教育的哲学思考"中讨论。

赢在起"跑"线，却遭遇"冲浪"比赛

"不要让孩子输在起跑线上"是一个非常流行的中国式的教育口号。

虽然这个观点的出处可能已无从考证，但从专业角度看，正是由于 20 世纪末和 21 世纪初一些发达国家关于脑科学的最新研究成果很大程度上印证了"三岁看大，七岁看老"的古训，也使得早期教育成为全球教育新的关注点，在国际上兴起了早期教育的浪潮。

早在 1998 年，联合国儿童基金会在《世界儿童状况报告》中就指出：全球有 2.26 亿儿童发育迟缓。研究发现：在出生后 6 个月内发育迟缓的儿童，8 岁时身高比正常儿童低 11 厘米，智商比正常儿童低 11 分。由于儿童营养不良、发育迟缓，使一些国家在生命、残疾和生产力方面的损失相当于 5% 以上的 GDP！近年来世界卫生组织（WHO）提出了"1000天理论"：在生命最初 1000 天（即从怀孕到 2 岁）的营养不良给儿童身心健康带来的不良影响是不可逆转和无法弥补的，而且会影响几代人。美国心理学家罗宾和梅莱蒂斯律师总结了 40 多位世界著名研究人员的成果，在她们撰写的《育儿室的幽灵——寻求暴力的根源》一书中得出惊人的结论：一个人成年后是否会走上犯罪的道路，取决于其 3 岁前接受了什么样的教育！

2002 年，我有幸作为特邀发言专家，出席了在纽约召开的第 56 届联合国大会儿童特别会议 NGO（非政府组织）论坛，会议明确提出了"让每个孩子拥有最佳人生开端"的共同主张。联合国儿童基金会在提交给大会的报告中首次公布了有关大脑发育关键阶段的最新研究成果：大脑发育的七种能力有观察、情感调控、条件反射、语言、符号辨别、数量比较、与同龄人相处能力，其中前五种能力发展的关键期都在两岁前，后两种在 4～5 岁前。报告指出："要想让未来的社会成为健康、幸福和丰富多彩的乐园，那么最佳的投资时机便是在奠基阶段，对人而言，最理想的年龄段莫过于出生后的头三年。""但如果孩子出生后没有一个好的开端，那么他们可能永远也不会充分挖掘或实现自身的潜能了。"因此，"不要让孩子输在起跑线上"这个观点正是那个时代的产物。

实际上，我认为"不要让孩子输在起跑线上"这句话本身并没有错，谁愿意让自己的孩子、自己国家的孩子"输"在人生的起跑线上呢？2015年春节前，习近平总书记来到延安市杨家岭看望希望小学师生时就强调："教育很重要，不要让革命老区、贫困地区的孩子输在起跑线上。"

关键的问题有两个：一是起跑线是什么？二是如何理解输或赢？一些家长受到片面地贩卖焦虑的商业宣传，唯恐自己的孩子"输在起跑线上"，以为提前学习某些知识，如认识多少字，会背多少古诗，会做多少数学题，会说多少英文单词，就是赢在了起跑线上，这是极大的误区；一些家长为满足自己的虚荣心，把孩子"赶"去学习各种"才艺"；等等。在应试教育、功利主义教育下的孩子们并不幸福！需要强调的是，在孩子的早期发展阶段，起跑线不仅有知识技能起跑线，更有健康起跑线、智慧起跑线，特别是精神起跑线。要重视儿童早期的精神健康，培育儿童健全的人格。否则，当你要收获教育成果时，很有可能"竹篮打水一场空"。这样的案例比比皆是。我们要培养的是拥有"健康的体魄、创造的智慧、健全的人格"的全面发展的人，这也是我倡导的创造幸福的三大能力。

此外，只要这个世界上还存在竞争关系，输或赢就是不可避免的。如果幼儿园阶段只重视知识技能的培养，上学后就会只重视分数，即使考上了大学，也会由于高分低能，缺乏适应社会的能力，毕业就等于失业。从教育过程来看，便是"赢在起点、输在终点"。我们并不反对知识技能的学习，但是，孩子的时间是有限的，过多将时间用于知识技能的学习，会成为发展的"机会成本"。有时间学这些，就没有时间做那些，要实施将儿童发展与未来社会可预见的人的能力需求融为一体的教育，着力培养孩子的仁爱之心，使他们拥有使命情怀、独立思考的能力、坚毅的性格、竞争与合作精神，发展他们的想象力、创造力、问题解决能力以及领导力等，为孩子一生的可持续发展奠定基础。既要能够把握儿童早期发展的关键期，帮助儿童迈好人生的第一步，为儿童一生的幸福奠定基础，又要帮助儿童在漫长的人生道路上走好关键的每一步。既要赢在起点，又要胜在终点。而赢或胜的最终标准就是"幸福"——是否拥有幸福完整的人生。

数据"爆炸"：1 天等于 1000 年

互联网和人工智能发展的突飞猛进使得人类生产知识或信息的速度令人难以置信。知识和数据"爆炸"的时代已经到来！科学家发现，从人类文明出现到现在，所有存储下来的信息的总和仅仅相当于如今人类两天创造的数据量。全球最大的图书馆——美国国会图书馆的所有馆藏，不足今天人类一天所产生数据量的万分之一。

我想，在未来，一门新兴的学科——"网络考古学"将被催生，因为人类的所有行为都可以在数据云端记载和计算。也许几百年或几千年以后，当我们要了解一个人的生平或其对人类的某个贡献时，再也不需要去图书馆，更不用去现场考证某个历史的遗迹了，只要扫一扫互联网上的二维码，云端"图书馆"的大数据就会让我们一目了然。

在人类的历史上，科学技术的发明创造往往成为划分时代的里程碑。在农耕时代，历史是以 1000 年为时间计量单位的。男耕女织的个体劳作生活，构成了漫长的农业社会。在工业时代，历史是以 100 年为时间计量单位的。从蒸汽时代（1760—1840 年）到电气时代（1840—1950 年）只有 200 多年。而在互联网时代，历史是以 10 年为时间计量单位的！新技术、新发明、新产品不断涌现，又不断升级换代或被淘汰。从科技发明的角度来看，现在每 10 年就是一个时代，而且各时代之间的间隔将越来越短。从人类活动产生的知识信息量来看，现在的一天，大约相当于工业时代的 100 年、农耕时代的 1000 年！也就是说，关于知识，你根本就"学不完"！

记得中学时代，我曾问过老师："1万年以后，还要再学1+1=2吗？"老师没能回答我的问题。如今处在知识与数据"爆炸"的时代，终身学习已是毋庸置疑的选择。然而，我们更应该思考：年轻一代如何选择学习内容和学习方法？培养出何种核心素养以适应迅猛变化的世界？这将是当代教育面临的最大挑战！

一个行业、职业快速迭代、迅猛变化的时代

如今，在全球范围内，智能工厂、机器人正被越来越广泛地应用于生产和生活中，"机器换人"已经成为产业转型、升级不可避免的趋势。机器人医生、机器人律师、财务机器人、记者机器人、儿童智能机器人、伴侣机器人、情感社交机器人正在不断地走进我们的生活。疫情下催生的配送机器人、消毒机器人、物流机器人、安保机器人，以及"无接触"机器人餐厅里的炒锅机器人、煲仔饭机器人、粉面机器人等各种餐饮机器人，可以同时为数百人提供近200种各式菜品，最快20秒出餐……越来越多的行业开始实现智能化。人工智能主要研究如何使计算机做过去只有人才能做的智能工作。互联网和人工智能产品已经充斥我们的生活，而传统行业和职业正在迅速迭代，人工智能极有可能颠覆任何行业的每一个领域，对整个业界产生重大影响。

OECD认为，现在还在学校里学习、在幼儿园里做游戏的孩子未来可能从事的职业有60%还没有"被发明"。学生毕业后，要面对激烈的就业竞争，其中一部分来自机器人！传统教育培养出来的学生面对的境况是：好不容易成了会驾驶轮船的轮机师，却发现轮船已经开进了博物馆。当我们拼命地训练孩子"跑步"，唯恐他"输在起跑线上"时，到了赛场，却无奈地发现，他们遭遇的是游泳比赛、冲浪比赛、攀岩比赛……

20～30年后，一辈子只干好一件事，可能是一个非常奢侈的愿望。人们可能不到10年就得更换工作、自己创造工作或者从事完全崭新的工作。现在为孩子未来就业而准备的工作技能极有可能会变得毫无用处。

科技文明正在改变人们的生活方式，也改变着人类赖以可持续发展的教育。身处时代大变革中的教育，遭遇了前所未有的挑战。未来，最稀缺资源不是知识，而是人们摆脱困境的想象力和创造力，是创造性问题解决能力。应对职业快速迭代的最好办法就是培养孩子未来创新创业的能力，让孩子有能力创造新的行业或职业，创造属于自己的幸福人生。对于学龄前儿童的家长来说，你现在要做的，就是把握大脑创造力发展的"机会之窗"或最佳发展期，开发孩子的创造力。

奇点临近：谁能拥有最强大脑

奇点是谷歌首席科学家、未来学家雷·库兹维尔的著名预言。他认为，伴随生物基因、纳米、机器人技术几何级的加速度发展，人工智能将来到一个奇点，跨越这个临界点，人工智能将超越人类智慧。

众所周知，2016年3月，谷歌的围棋人工智能程序AlphaGo（阿尔法狗）与世界围棋顶尖高手——韩国棋手李世石大战五个回合后以4∶1取得胜利。这场举世瞩目的人机大战也成为人工智能的里程碑事件。2017年5月，AlphaGo又与世界排名第一的中国棋手柯洁对阵，以3∶0大获全胜。"阿尔法围棋"的"杀手锏"，在于其自我对局的速度和"深度学习"技术，它可以在短短一天内学习100万局棋盘，进行自我"进化"。也就是说，你可能永远也"学不过机器"！

2016年6月，美国IBM公司的人工智能系统Watson（沃森）收到一个请求：一个60岁的女性白血病人在尝试了各种治疗方案之后，没有看到医疗效果，医疗专家请求Watson帮忙找到最佳治疗方案。收到请求后，

Watson 在 10 分钟内比对了 2000 万份癌症研究论文，分析了病人的基因变化，最终确诊为一种非常罕见的白血病，并且给出了非常个性化的治疗方案，为这名患者的康复做出了贡献。对于 Watson 来说，它不仅可以在几秒钟内阅读数百万文字，还能将学到的所有知识应用到新的案例中。Watson "盘踞" 在云端，它会根据自己积累的 "临床经验" 和刚刚读过的只有少数医生才知道的世界上最新的医学研究成果给医生提出个性化的建议。未来，机器人有望成为全球最顶尖的医疗专家。而一款名为达·芬奇的 "网红" 手术机器人可以通过远程控制进行手术。手术时稳定、精确，误差仅为千分之二，是人工手术所无法达到的。国内数十家医院已经采用此项智能科技。

2020 年，突如其来的新冠肺炎疫情加速了人工智能在社会各个领域和场景下的落地。人工智能不仅仅是 "黑科技"，它已经成为我们工作和生活的刚需。在 2021 年博鳌亚洲论坛年会上，有专家认为，未来 10 年人工智能发展将在智慧教育、智能医疗、智慧城市、智能客服、智慧司法领域，实实在在地满足社会刚需。人工智能在语言、视觉识别、自动驾驶、疾病诊断和机器人手术等多个领域正快速接近甚至超过人类水平。

奇点，正在向我们走来……

多年来，关于奇点出现的时间，人们预测过很多不同的数据。其中一个预言就是在 2029 年，计算机能力的价值大约是 1 美元，相当于一个成人脑力的计算能力。也就是说，只要 1 美元，你就可以拥有人类大脑所拥有的智力。例如，你戴的一副智能眼镜的能力就相当于人类的大脑。你使用的所有软件中都蕴藏着一个人类的大脑，也就是说，你可以在网络上有效地使用人类的大脑。

在不远的将来，也许只要 1 美元，你就能拥有一个和爱因斯坦一样聪明的大脑。总有一天，人工智能将拥有这种能力。

令许多科学家担忧的是，一旦人工智能超过人类智能，人类将面临被机器统治的危险。当机器拥有了超人的智慧并富有情感时，谁又能保证有一天机器不会毁灭人类呢？因此，作为发明人工智能的人类，需要设置最终的"防火墙"。我认为，单就人类本身来说，可能在许多领域的智能比不上人工智能，但如果"人类智能＋人工智能"，就一定能超过单纯的人工智能机器，从而让人工智能更好地为人类服务。

人机共生：人类正面临万年未有的最根本的大变局

人工智能是人类历史上的第四次技术革命，与蒸汽机时代、电气化时代、信息化时代不同，人工智能时代给人类社会带来的变革似乎不像历次科技革命那样，仅仅停留在人的体力和脑力的延伸上，而是进入了人和机器共生共存的新时代。

2012年2月10日，美国匹兹堡大学医学院神经外科的手术室里，外科医生将一块芯片成功地植入一位已经瘫痪15年的女士的大脑中。这一史无前例的植入，帮助已经永久丧失行动能力的肖伊尔曼·简再次获得支配手臂的能力。肖伊尔曼·简用意念控制芯片，芯片则控制着机械手取物。肖伊尔曼·简幸福地说："我不用思考应该把手臂向左前移动，我就直接去拿那个东西就行。实验室里面的所有人都在鼓掌，我一直都非常喜欢吃巧克力，而那一小口，简直是我吃过的最好吃的巧克力。"

时隔8年，浙江大学医学院附属第二医院通过"脑机接口技术"，让一位已经72岁的高位截瘫患者用"意念"控制机械臂，经过系统训练后，这位患者现在不仅可以握手，还能拿饮料、吃油条、玩麻将。

2021年4月9日，美国科技狂人、硅谷"钢铁侠"马斯克创办的脑机接口公司Neuralink用视频展示了一只9岁的猴子用意念玩电子乒乓球游戏的重要成果。视频显示，一只名为"帕格"（Pager）的猕猴通过内置的Neuralink设备实现了用意念操控电子游戏。研究人员用一根装满美味香蕉奶昔的金属吸管吸引帕格进行测试，帕格可以充分地利用它的脑部活动学习控制一台电脑。而 Neuralink 公司的愿景，就是实现人机共生。

对于脑机接口未来的发展，当被问及是否能存储记忆时，马斯克表示，未来人们可以用芯片备份自己的记忆，还可以将芯片植入大脑，实现记忆移植。也就是说，通过植入大脑芯片，可能一夜之间你就掌握了五六门外语。也许有一天，我们可以将存储了人类所有图书馆藏书的芯片植入大脑，直接获取知识。未来，以意驭物、记忆存储、记忆移植……这些让人脑洞大开的"黑科技"，可能只不过是脑机接口技术应用的一个缩影！"人机共生"将从根本上颠覆人类的教育内容和学习方式。

中国西湖大学、华东师范大学、苏黎世联邦理工学院等的顶尖科学家 2020 年 5 月在 Science 上发表的科研论文称，仅需植入一颗芯片，就可通过电子设备在体外控制动物体内的激素分泌，最终达到改善老年疾病的目的，进而延长健康寿命。这一技术可媲美马斯克的脑机接口技术。例如，当胰岛素分泌不足的时候，就会出现糖尿病等症状，科学家把一种含有人造胰岛 β 细胞的芯片植入患有糖尿病的小鼠背部的皮下位置。该芯片的激活程序由一个体外信号发射器控制，在胰岛素分泌不足时，信号发射器激活芯片，发出分泌胰岛素的指令，人工 β 细胞开始分泌胰岛素，15 分钟后，小鼠体内血糖浓度就会明显下降。如果马斯克的脑机接口技术可促进人类与人工智能机器融合，最终实现"人机共生"，那么"芯片—激素"技术则可通过调节人体内相关激素的分泌，提供治疗疾病、改善衰老症状的"黑科技"。

今天，人脑与智能电子设备和网络的结合，预示着人与机器共生共存的智能时代正在到来。

早在 2013 年 10 月，在日本横滨举行的第三届"智能城市周"展会上，各种新型智能设备就曾争先恐后地亮相：一款指甲盖大小的连接 Wi-Fi

和蓝牙的微型电脑拥有的计算能量足以承担将一颗卫星送上轨道的重任；比沙粒还小的微型计算设备开始爬上我们的身体或者变成我们身体的一部分；眼镜、手表、手环、戒指、服装、鞋袜等众多可穿戴设备开始重新武装我们；微型芯片会植入我们的皮肤，会流进我们的血液……一个无处不终端、处处皆计算的智能时代正在到来。万物互连的世界和人生距所有人都不再遥远。人工智能的社会，是人与机器互联互通、交互学习、和谐共融的社会。美国未来学家雷·库兹韦尔预言：到2030年，我们可以像用药一样，让和细胞一样大小的"纳米机器人"进入血液接管免疫系统，在体内巡航，摧毁病原体，清除杂物、血栓，定向消灭肿瘤细胞，纠正DNA基因的错误，精准受精，甚至逆转衰老过程。到那个时候，心脑血管疾病患者不再需要做"支架""搭桥"手术，肿瘤病人也不用做令人痛苦的化疗，不孕不育也将不再是问题。如果你有什么器官老化或者机能不能被修复，很简单，换一个人工智能技术的器官便是。而对于一位老人来说，这意味着，只要再活十几年，就有可能再活30年、50年！

我认为，人类正遵循着三条路线发展。一是自身发展。除了应用最新的心理学和脑科学技术用教育的手段促进人的发展，人类甚至可以在基因层面，用"基因编辑"技术对人类卵子、精子或胚胎进行编辑修改，虽然目前只能作为从源头上治愈严重遗传疾病的技术手段，但也许有一天，在严格的法律和伦理的约束下，人们甚至可以"定制婴儿"，实现积极优生。二是人工智能。智能机器人可代替人的体力和智力活动，将变得越来越聪明，越来越小型化，甚至成为"纳米机器人"。它越过奇点后智慧将超过人。三是人机合成。这条路线可使人类社会进入"生物机器人"时代，实现人机共生。人机共生已成为人工智能发展的必然趋势，它正在悄无声息地、越来越近地走进我们的生活……

近在眼前的"全球脑"：互联网进化论

以色列杰出的历史学家尤瓦尔·赫拉利在《未来简史》中写道：已经过去的 7 万年，被称为"人类世"，也就是人类的时代。因为这几万年来，人类已经成为地球的主宰力量。人类对地球生态的影响可能已经超越 6500 万年前那颗灭绝恐龙的小行星。那颗小行星虽然改变了陆地生物进化的轨迹，但是并没有改变自然选择的进化规则。而人类的出现，则使地球的生态发生了翻天覆地的变化。相比所有的生物，人类的强大在于其大脑"算法"能让自身在几万年面临无数次的选择中，都遵循最优选择。这种最优选择让人类能够主宰世界。过去，我们很难想象会有新的生物能够进化到算法优于人类的地步，但是今天，人工智能明显在这方面优于人类。

今天，人类社会将从"互联网时代"进入"超级智能时代"；"互联网"将进化成"全球脑"（global brain）；人类将从"生物人"进化成"生物机器人"。

科学家发现，人类之所以成为万物之灵，是因为人类大脑进化最后产生了新皮质。特别是占新皮质 1/3 的前额叶皮质，是创造性思维的关键部位，被称为"创造性器官"。过去，科学家曾报告爱因斯坦的大脑与正常人没有什么区别。然而后来，美国加州大学的科学家再次报告，爱因斯坦的大脑额叶皮层联合区——主管高级思维活动的整合中枢，其神经胶质细胞比普通人高出 70%。而人工智能的发展会让人类进化成生物机器人。库兹韦尔写道："2030 年左右，我们可以像用药一样，口服一片包含几百万个肉眼看不见的纳米机器人的药片。这些纳米机器人通过肠道被吸收到毛细血管，以无害的方式进入大脑，并将我们的大脑皮层与全世界的云端数据联系起来，合成一个新皮层。这样我们就有一个额外的大脑皮层了。这个新的大脑皮层是'人机合一'的智能器官，它可以瞬间调用世界上任何一种已有的知识，而且将创造出新的无穷无尽的知识。"

可以想象，当今天我们使用的智能手机变得越来越小，小到成为只有细胞那样大小的"纳米智能手机"，钻进人的大脑，一方面与脑细胞连接，另一方面与全球每一个人的"纳米智能手机"连接时，互联网将进化成"全球脑"。

全球脑思想爱好者杨友三在《全球脑》一书中写道："地球自诞生以来，在漫长的 45 亿年里，曾经发生过两大奇迹：一个是生命的诞生，另一个是人类的出现。今天，第三个奇迹发生了——一个环绕全球的智能结构正在茁壮成长，它就是全球脑——目前世界上规模最大的集体智慧系统。"

什么是全球脑？全球脑是正在涌现的以地球为基础、数量巨大的拥有发达大脑和创造力的所有人类个体，他们借助各种信息处理工具，通过各种通信方式，彼此之间相互作用，结合成具有神经系统特征的自组织巨型网络。该网络具有比人脑更高级的信息处理能力和创造力，它所表现的智能就是地球智能——地球是一个脑，每个人只是一个脑细胞。

正如 CCTV 大型纪录片《互联网时代》中阐述的那样："那个全球脑是怎样的大脑呢？全球所有的计算机、所有的存储器，包括所有的人都将被连为一体，每台机器、每个人都只是这个连接体的一部分，在这个无所不包的连接体里，每个人都将拥有一切，同时，每个人又微不足道。在这里，独立的机器和独立的人都不再有意义。那个全球脑面前的人类是怎样的人类呢？人们必须在飞速成长的网络和机器的能量面前，重新面对地球的文明，面对社会的样貌，面对人生的意义。"

在茫茫宇宙中，全球脑——更确切地说是"地球脑"，或许只是有智慧的星球之一，是地球上高级生物进化的产物。科学家要探究的是：这个拥有全球共享语言、共享知识、共享记忆、共享智慧的地球脑有集体意识吗？会产生集体意志吗？地球脑会像一个巨人一样，终于有一天"醒"

来吗？而整个宇宙会醒过来，变成有意识的存在吗？

……

这简直就是智能时代的《天问》了！

关于最后一个问题，我的观点与《未来简史》的作者尤瓦尔·赫拉利有所不同。尤瓦尔·赫拉利认为，随着人工智能对人类活动的全面接管，大多数人将变得无所事事；而我认为，在全球脑时代，每个人都将获得更公平、更自由的发展，能够发挥更大的潜能，做自己更乐意做的事，在全球脑这个巨大的自组织系统中，每个人都将像人体的各种组织细胞一样，各司其职，变得更加专门化，个体的价值更加不可替代！这是人类的本性——追求快乐和幸福——决定的。正如歌曲《我和 2035 有个约》中所唱的那样"我脑海的芯片，终将万物互联，唯有信念永不变"。

全球科幻文学作品最高奖"雨果奖"获得者郝景芳在她的作品《北京折叠》中不无忧虑地描述了未来的生活：由于自动化和技术的进步，劳动力越来越不被需要。生活在底层的人们只能被"塞到夜里"，不参与社会经济的运作。人们甚至放弃了机器人，而专门为他们预留了垃圾工的工作，也就是说，他们连被剥削的价值都没有了，完全变成社会的负担。在未来的智能时代，你可以换一个心脏，但是可能要花巨额的资金，这绝不是普通消费者能够负担得起的。社会的等级让人们感到窒息，这可能是一个痛苦的历史过程。但是当全球脑时代真的到来时，人类进化的自然结果不仅会成就人机共存共生的和谐生态，更会造就更公平、更自由的人类社会，这正是人类所追求的理想生活……

关于"奇点年"的论点，至今众说纷纭，但在"全球脑"这个新时代的概念面前，几乎所有的科学家都认为，那个网罗人类、网罗地球的唯一大脑——地球脑近在眼前！科学家预测，地球脑时代的到来可能不会超过 50 年。也就是说，今天还在幼儿园里做游戏的孩子们，将身处这个万年以来最伟大的历史大变局之中。

携带"元宇宙"，驶向星辰大海

如果说，全球脑是指地球上所有人类个体通过脑联网技术进而形成全球人类群体信息处理能力和创造力——地球智能的话，那么，"元宇宙"则是人类运用地球智能创造出的现实世界和虚拟世界相融合的新型社会形态。

1992年，著名科幻作家尼尔·斯蒂芬森在科幻小说《雪崩》中提出"metaverse"（元宇宙）的概念，为我们推开了充满想象力的元宇宙的大门。metaverse 这个单词拆解后由 meta 和 verse 组成，其中 meta 表示超越，verse 表示宇宙（universe），合起来可以理解为每个人都能以一个虚拟的"化身"在与现实世界平行的、由电脑网络构成的虚拟空间（元宇宙）中自由地生活。关于元宇宙中虚拟世界最通俗易懂的比喻是：现实中的一个普通人，可以在不同的虚拟世界中拥有不同的"分身"。在《西游记》这个元宇宙中，可能拥有的虚拟"分身"是玉皇大帝或如来佛祖，或是能 72 变"分身"的孙悟空或牛魔王，抑或白骨精；在《阿凡达》中，他可能是退伍伤残地球兵杰克，其又"分身"为魅影骑士（男主角）到潘多拉星球后，爱上了纳美人土著部落的公主妮特丽；他也可能是"阿凡达"计划首席科学家格蕾丝·奥古斯汀博士，其发明"阿凡达"就是想与纳美人和平交往，反对武力解决问题……

真正的元宇宙是与现实世界连接的。未来的某一天，人们只要带上 VR（虚拟现实）眼镜或其他穿戴设备，就可以随时随地切换身份，自由穿梭于物理世界和数字世界，在虚拟空间和时间所构成的"元宇宙"中学习、工作、交友、购物、旅游等。正如清华大学新媒体研究中心在《2020—2021 年元宇宙发展研究报告》中描述的那样："想象一下，你住在《动物森友会》里所描述的一个岛上，每天打工完成任务，并且出售自己设计的家具和服装，用挣来的钱叫了一份外卖，还买了一个虚拟艺人演唱会的票。在演唱会上你认识了几个朋友，并相约在线下见面……"在元宇宙中，你不是 PC 互联网和移动互联网中的观众，而是以虚拟"化身"完全沉浸其中并能主宰自己的命运、创造幸福生活的主人。虚实社会瞬间转化，多元宇宙相互融合，最终达成"超越"虚拟与现实的"元宇宙"，为人类拓宽无限的生活空间。

2020 年以来，在百年不遇的新冠肺炎疫情防控政策下，全社会上网时长大幅增长，线上生活由原先短时期的例外状态成为常态，变成了与现实世界平行的世界。从 2020 年开始，人类社会开始虚拟化。人们对于元宇宙的认知发生了转变，虚拟的并不是虚假的，更不是无关紧要的。随着生活发生迁移，线上与线下打通，人类的现实生活开始大规模向虚拟世界迁移，人类成为现实与数字的两栖物种。

2021 年 10 月，"元宇宙"大爆炸般地出现在科技圈和大众的视野里。科技巨头如脸书、微软、英伟达、腾讯、字节跳动、网易、百度等纷纷布局元宇宙领域。特别是脸书正式改名为 Meta（中文译为"元宇宙"），将"元宇宙"这个概念再次推上风口浪尖。2021 年被称为元宇宙元年。

清华大学新媒体研究中心的报告认为，元宇宙既不是逃避现实、为完成给定任务被动消费的电子游戏，也不等于纯粹的虚拟世界。元宇宙 = 虚拟世界 × 现实世界。元宇宙是与现实世界连通的开放式探索和自主性创造的产物。在元宇宙中，每一个人都是世界的自主创造者，是虚实世界相互融合与流动交换的主宰者。

北京大学汇丰商学院等的研究报告指出，元宇宙包括两大本质重构。一是运用数字化技术重构了人的感官体验维度。元宇宙的核心逻辑是把我们身上所有的感官体验全部变成数字化的刺激信号，让感官体验在虚拟世界中与现实世界几乎没有差别。不仅有传统互联网中的视觉和听觉，而且有触觉、味觉、嗅觉，并作用于人的三个维度——时间、空间和体验。所思即所见，所见即所得。二是运用人工智能技术重构了人们交互的内容或对象的生成及驱动方式。在传统互联网如电子游戏中，游戏的交互内容或对象基本上都是由真实的人（软件工程师、创作者等）设计与渲染出来的，但在元宇宙时代，每个人都是创作者，都可以像今天应用PPT那样轻松运用人工智能技术创造或生成人们所需要的各种内容，给人们提供全新的数字生活体验。

作为人类赖以进步与发展的教育，是元宇宙最具应用价值的领域之一。

可以想象，在教育元宇宙时代，幼儿的一日生活将会出现这样的场景。

（1）4岁半的幼儿在清晨被人工智能机器人唤醒，在此之前，幼儿的整夜睡眠状况、脑电波的频率、体温、呼吸、脉搏、心率等基础生命体征的监测数据已经传送到幼儿园保健室，保健医生就会为幼儿制订个性化的健康体育计划。

（2）在家庭盥洗室，幼儿对着有人脸识别和中医望诊功能的镜子刷牙、洗脸、伸舌头，他所需的营养数据就会自动上传到幼儿园厨房，厨师将根据数据分析对幼儿的一日配餐进行个性化的调整。

（3）幼儿来到幼儿园，和老师一起进入班级的建筑区进行游戏，穿戴设备后，他和小朋友们将在超虚拟现实空间重建埃及金字塔……

（4）午睡完毕，幼儿来到班级所在的植物角，他喜欢观察豆芽的生长，用尺子测量，并用语音告诉拥有多种传感器的植物监测中心，他今天看到的植物发生的变化。植物角会记录每个孩子观察的视频和音频，自动生成观察日记和豆芽的生长曲线，并打印在活动区的记录册里。

（5）在户外运动中，幼儿在全息技术里和非洲羚羊比赛奔跑，与澳洲袋鼠一起学习跳跃，与世界足球先生梅西的分身一起玩足球，也可以与爸爸妈妈的分身一起做亲子游戏，还可以在运动后，用手持智能彩色人体透视镜真切地观察同伴的心跳、呼吸和全身血液循环的变化。

不得不说，如果未来真的出现这样的学习场景，那么孩子会与他们的父辈的成长旅程大为不同。当家长还在感叹"世界那么大，我想去看看"时，孩子在幼儿园里就已经沉浸在全球化的虚拟与现实瞬间转换、相互融合的学习与生活体验中了……

纵观历史，每一轮科技革命都带来了社会组织以及人类生活的巨大变革。元宇宙本质上是下一代互联网、大数据、人工智能、区块链、物联网、脑机接口等科技进步所代表的高新技术的综合应用。尽管人们对元宇宙的发展还有许多困惑甚至质疑，但一个比互联网对人类社会影响更为巨大和深刻的未来——元宇宙及由此带来的元宇宙经济社会正向我们扑面而来！人们预测，15～20年后，人类将全面进入元宇宙时代！

诚然，对任何一种新的重大科学技术应用的质疑，对于人类经济社会发展都是有益处的。它会促使人们权衡利弊，更加科学合理地应用这些新技术。就像我们刚刚应用人工智能技术那样，担心奇点的到来会使人工智能超越人类智能成为世界的主宰。然而，人类完全有智慧、有能力运用自己创造的新技术所带来的文明更好地为人类自身服务。

中国人自古以来就有探索浩瀚星河和无垠宇宙的浪漫情怀。元宇宙正是我们与虚拟世界沟通的桥梁。

眺望未来，即便有一天人类不得不移居火星这样不适合人类生存的现实世界，但人类完全可以携带元宇宙，驶向星辰大海，创造一个比地球更加庞大、更加文明宜居的虚实融合的世界。人类对美好生活的憧憬和追求是没有止境的！

第二章

创造力，才是走向未来的通行证

新时代的文盲，

不是没有知识，

而是没有创造力！

没有创造力还要立足于社会，

就如同自废武功还要独闯江湖，

剪去了翅膀还想展翅飞翔。

当教育遭遇创新时代，

创新已不是选择，而是必须！

我们的今天，是我们昨天、前天选择的结果，而今天的选择，决定了我们的未来。

——程淮

直面"李约瑟难题"和"钱学森之问"

回溯人类社会的发展史，实际上就是一部人类不断创新的历史。指南针的发明、蒸汽机的运用、电气化的实现以及互联网和人工智能的诞生……正是这些发明创新，促进了人类社会的文明进步。因此，创新是推动人类文明发展的第一动力。

中国是享誉世界的文明古国，在科学技术上也曾有过灿烂辉煌的历史。除了世人瞩目的四大发明，领先于世界的科学发明和发现还有100种之多。

北京师范大学资深教授林崇德在他的近60万字的《创造性心理学》这本书中有一个著名的论断："伟大的中华大地是创新的故乡。"美国学者罗伯特·坦普尔在著名的《中国：发明与发现的国度》中写道："如果诺贝尔奖在中国的古代已经设立，各项奖金就会毫无争议地全都属于中国人。"那么，"为什么中国古代的科学技术在世界上遥遥领先，而近代科学和工业革命却不能在中国诞生呢？"这就是著名的"李约瑟难题"。

人类历史上90%的知识和物质财富创造于20世纪。然而，令人遗憾的是，在20世纪改变人类生活的许多重大科技发明中，如电灯、飞机、电视、塑料、卫星技术、互联网、机器人、器官移植、基因工程等，竟然鲜有中国人的发明，这与拥有世界上1/5人口的泱泱大国和文明古国的身份极不相符。我们缺少的是那些划时代的发现和发明。钱学森在临终前也留下了一个沉重且让我们无法回避的问题："为什么我们的学校总是培养不出杰出的人才？"这个问题被称作"钱学森之问"。"李约瑟难题"和"钱学森之问"都促使我们发问：今天的中国如何营造和完善培养创造性人才所必需的社会环境、人文观念和教育制度？怎样才能培养出真正杰出的创新人才？

诚然，长期以来，我们并没有把儿童创新能力培养放在教育的重要地位。

中国儿童的想象力和创造力的发展情况并不乐观。全国第三次青少年创造力调查显示，只有 7.3% 的中国孩子具有初步的创造人格特征。学前儿童创新教育也是我国国民教育序列中最薄弱的环节之一。我在给家长讲课时，常常请家长现场回答"孩子回家后您最常问的问题是什么？"绝大多数家长的回答是："今天吃了什么？"或"今天学了什么？"在问到有没有问过孩子"今天，你向老师和小朋友问了什么有趣的、有价值的问题了吗？"时，几乎没有家长回答"问过"。这正是当下家庭教育的缺憾！一个连问题都提不出来的人，怎么可能创造性地解决问题呢？受竞争压力和应试教育的影响，当下中国的教育仍然普遍存在只重视知识技能的学习和训练，严重忽视发展儿童个性、独立思考能力和创造力的现象。在儿童创新教育领域还缺少顶层设计和科学严谨的实证性研究成果并应用于教育实践。

《光明日报》报道，我国大学毕业生创业的比例一直在 1% ～ 2%，而创业成功率更低。这一数据不仅低于一般企业创业的成功率，而且远远低于欧美国家大学生 20% ～ 30% 的创业成功率。很多大学生已经习惯于当"考生"而不是"学生"，而让"考试机器"变身"创业英雄"是一件极为困难的事情。

如今，全球化、互联网、大数据、人工智能、奇点年、量子技术、虚拟现实、脑机接口、生物机器人、全球脑，这些前所未有的划时代的重大变革令人目不暇接。全世界都在思考，在工业时代产生的以传授知识技能为主的传统教育，如何面对一个几乎无法准备的未来？

发展孩子的创造力，让他们有能力去创造那些人工智能无法替代的工作，让他们成为创造未来幸福生活的主人，这才是最靠谱的答案。

未来的世界，最稀缺的资源不是知识，而是人们摆脱困境的想象力和创造力！

新时代的文盲，不是没有知识，而是没有创新、创业能力！

没有创造力还要立足于社会，就如同自废武功还要独闯江湖，剪去了翅膀还想展翅飞翔！

以就业为导向的传统教育时代将一去不复返，以创业为导向的新时代正扑面而来！

培养儿童的创造力将成为教育的刚需，是顺应国家"创新驱动发展战略"的教育改革与发展的大趋势！

未来，人与人之间最大的差距就是创造力的不同！

改变孩子的命运、让孩子拥有成功与幸福的根本途径，就是以立德树人为根本，培养孩子创造幸福的能力！

拥有创造幸福的能力，才是走向未来、创造未来、获得幸福的通行证，因为"预见未来的最好方法就是创造未来！"

在全球化的时代，在智能化的时代，在一个大众创业、万众创新的时代，我们的孩子准备好了吗？

核心素养的核心是创新素养

核心素养是当前世界教育界特别关注的教育热点。全球化、智能化时代对人才的需求呈现出越来越复杂的特点，许多国际组织和发达国家都在思考：面对复杂多变的未来社会，如何培养既能获得个人成功又能促进社会进步的时代新人？在这样的背景下，OECD 率先提出了"核心素养"这一非常重要的概念。欧盟、联合国教科文组织、世界经济论坛等国际组织，以及美国、英国、法国、日本、澳大利亚、新加坡、韩国、芬兰、新西兰等国家都先后宣称了自己的"核心素养"。例如，美国 21世纪技能合作联盟提出了《21 世纪技能》，其主要思想是：21 世纪的学校需要整合 3 个 "R"（核心课程）和 4 个 "C"（批判性思维与问题解决、沟通交流、合作、创造与创新）。

2016 年 9 月，由国家教育部委托北京师范大学林崇德教授领衔承担的《中国学生发展核心素养》总体框架正式发布。中国学生发展核心素养以培养"全面发展的人"为核心，分为文化基础、自主发展、社会参与 3 个方面，综合表现为人文底蕴、科学精神、学会学习、健康生活、责任担当、实践创新六大素养，并细化为 18 个基本要点，包括理性思维、批判质疑、勇于探究、勤于反思、问题解决、自我管理等。它是今后国家课程标准修订、课程资源建设、学生评价以及高考等众多事项的指南。

核心素养主要指学生应具备的、能够适应终身发展和社会发展需要的必备品格和关键能力。我认为，核心素养的核心是创新素养。创新素养是创新人才的必备品格、关键能力和价值观，主要包括创新能力和创新精神。

创新能力是创新的智力因素或智慧特征，包括创新思维能力和创新实践能力两个方面。要求学生既有智慧的大脑，又有灵巧的双手，知行合一。创新能力是创新的"操作系统"，在创新活动的每时每刻都会起作用。

创新精神是创新的非智力因素或人格特征，包括创新意识、创新情感、创新意志以及创新信念、使命和价值观等方面，如好奇心、问题意识、质疑精神、永不满足的进取心、对真知的执着追求、强烈的使命情怀、坚韧顽强的意志等。创新精神是创新的动力系统，往往在创新的关键时刻、重大抉择的关头，发挥决定性作用。

儿童创新教育领域实现"从 0 到 1"的突破

2018 年 11 月 14 日，在第 43 届 INOVA 国际发明展上，由中国发明协会学前创新教育分会选送的北京市幸福泉幼儿园的颜百宽，带着他的爱心和创意专利作品"适用于色盲人群的人行横道灯"，与众多青少年、成年人同台竞技，并凭着有创意、有价值的创意发明作品，熟练的英文介绍、答辩及实物操作，获得了 INOVA 国际发明展金奖以及全场唯一一个最高奖——"最佳国际青少年发明奖"，创下了展会有史以来最小获奖者的纪录。颜百宽的另外两个小伙伴也斩获了两枚宝贵的银牌。这在幼儿教育界实现了"从 0 到 1"的突破。

当这么小的孩子首次走出国门，在国际展台上举着奖牌，自豪地站在五星红旗下时，我们不禁热泪盈眶。正如台湾发明大王邓鸿吉教授所说，这应该是世界上首次由幼儿园的小朋友在著名的国际发明展上荣获的最高奖项。这是中国人从站起来到富起来再到强起来的标志性事件之一。

这是一项什么样的创意发明？它是怎样产生的？为什么会得到国际评委们的青睐，从而获得最高奖？

颜百宽在讲述自己的创意发明（见图 2-1）时说，邻居高奶奶因为色盲（分不清红绿颜色）在红绿灯路口发生交通事故去世了。他得知高奶奶的事情后，非常难过，于是就把他的问题带到了幼儿园，在幼儿园的"每周一问"活动中，通过运用巧思法，和小朋友们一起探究解决方案。最后，他提出了在红绿灯上贴一层带有符号的膜：红灯亮时显示"X"，表示不能通过；绿灯亮时显示"O"，表示可以通过；黄灯亮时显示"△"，表示等待。这款让色盲人群可以安全自主过马路的创意发明，不仅体现出对特殊人群的关爱，而且构思巧妙，能解决现实生活中的真实问题，深得国际评委们的青睐。他也因为这项发明（见图 2-2）在 2017 年 12 月获得了国家专利，并荣获第 43 届国际发明展金奖及大会唯一一个最高奖——"最佳国际青少年发明奖"（见图 2-3 和图 2-4）。

2019 年 5 月 23 日，亚洲教育论坛在韩国首尔举办了中韩教育高峰会议。韩国前总理李寿成为颜百宽颁发了"科技创意未来之星"证书，颜百宽成为此次中韩教育交流中年龄最小的获奖者。

幼儿创意发明的故事告诉我们什么呢？

第一，任何发明创造都源于生活，源于解决生活中的问题，拥有问题意识和积极探求解决问题的思维习惯和人格特征，是一切创造发明的基础。

图 2-1　颜百宽讲解发明过程

图 2-2　颜百宽的创意作品
"色盲人行横道灯"

图 2-3　颜百宽荣获第 43 届
INOVA 国际发明展金奖

图 2-4　颜百宽荣获最佳国际青少年发明奖

第二，幼儿的创意发明其实并不神秘，它就在我们身边。因为孩子是天生的创造者和发现者，只要孩子学习了创造性地解决问题的方法，同样会有奇思妙想，同样会有创意发明。我们需要将孩子的创造力点燃。

第三，那些关注弱势群体、特殊群体，体现仁爱之心的发明创造，更能得到国际评委们的青睐，更能得到社会的认可。所以，我们不仅要培养孩子的创造力，还要培养他们的大爱精神。这也是立德树人的生动案例。

颜百宽等小朋友在历史悠久的著名国际发明展上获得大奖，其实并非个例。早在 2014 年 12 月 21 日，"首届宋庆龄儿童创意发明奖"颁奖典礼在北京人民大会堂隆重举行。当时有 8 位 5～6 岁的幼儿园小朋友的创意发明:《灭蚊空调》《多功能语音提醒药盒》《迷你救生手镯》《一种防撞汽车》《一种物品追踪器》荣获"首届宋庆龄儿童创意发明奖"。这是我国迄今为止获取专利权的最小年龄纪录。这 5 项创意发明同时也获得了 5 项国家专利。

我国著名心理学家和教育家、中国心理学会前理事长、北师大资深教授林崇德曾热情称赞:"这在全国幼儿教育界是闻所未闻的创举!"

这么小就获得了国家专利，这可能吗? 这些小朋友究竟有什么发明创造，能获得国家知识产权局颁发的专利证书? 而他们的创意发明又是怎样产生的? 这里有什么秘诀吗?

事实上，孩子们的创意均来源于自主发现和解决生活中的问题，而创意的产生则是学习并应用了巧思法的自然结果。

巧思法是由国家科技部创新方法工作专项项目、北京市科技计划项目和国家可持续发展实验区项目资助的科研成果，是有中国特色的创造性最优问题解决方法论及课程。在巧思法的培养下，截至 2022 年 9 月，已有近千名幼儿在中国宋庆龄基金会主办的中国国际幼儿创造力邀请赛中获奖，20 多名幼儿获得"宋庆龄儿童创意发明奖"，200 余名幼儿园小朋友的创意发明申请了国家专利，并获得由中国发明协会专门设立的"中国发明协会小小会员"荣誉称号;已有 90 多名小朋友在国内外发明展上获奖，包括 22 个金奖、17 个银奖、43 个铜奖、12 个"创意小英雄"奖。其中颜百宽小朋友获得第 43 届 INOVA 国际发明展上唯一一个最高奖——"最佳国际青少年发明奖"。13 名幼儿作为年龄最小的"发明家"，入围由国家工业和信息化部、国家发改委、科技部、中国科学院、中国科协等单位主办的 2021 和 2022 中国国际智能产业博览会青少年专利孵化展并获得奖牌。

需要指出的是，用申请专利的方法协助幼儿将原创性的思维成果和作品记载下来，是用法律的形式尊重、珍惜、保护和培养幼儿创造力的方法之一，也是从小培养儿童知识产权观念、依法保护儿童知识产权的重要方法。这比他们上学后得多少个 100 分对他们的影响都大。重要的不是孩子们获得了国家专利本身，而是在真实的生活中探究解决问题的过程中，他们的创造性思维和想象能力的发展，特别是创造性人格的塑造，这与陶行知先生倡导的"生活教育"理念也是一脉相承的。最为宝贵的是儿童无拘无束的想象力和创意，而把它实现则是工程师的事。实践证明，当培养儿童创造力的方法得到恰当的应用，成为培养"小小创意发明家"的孵化器时，儿童创作更多优秀的创意作品就会成为"新常态"，创新人才培养"从娃娃抓起"的理念就能落地。

儿童的想象力和创造力远远超出成人的想象。儿童本来就拥有创造天性，保护和发展儿童的创造力是培养儿童最重要的任务之一。巧思法是建立在我国儿童创造力培养的科研和实践基础之上、已被证明能够有效促进儿童创造力发展的方法。有关研究成果已发表在国际著名心理学、创造力研究和英才教育英文期刊上。巧思法课题的研究成果不仅可以在学前教育领域应用，对于引导青少年创造发明和所有从事需要创造性地解决问题的工作均有一定的借鉴意义。

颜百宽的母亲记录了颜百宽在国际发明展览会上颇具戏剧性的获奖过程。

"发明真的离我们很近"——巧思法下诞生的发明大奖

今天我这个当妈妈的真的很高兴！儿子颜百宽幸运地获得了第 43 届克罗地亚国际发明展金奖和最佳国际青少年发明大奖。回顾获奖的过程，就像坐过山车一样，一波三折，跌宕起伏。

三天的展览会上，不断有各国评委将各国的特别奖颁发给心仪的参赛选手和作品。大会奖项包括"INOVA 国际发明展奖项"及用各个国家名字命名的"特别奖"。其中，由北京市大兴区幸福泉翡翠城幼儿园选送的黄克铭小朋友的"移动停车场"作品，荣获了"INOVA 国际发明展银奖、罗马尼亚特别奖、加拿大特别奖"；由北京市西城区幸福泉幼儿园选送的李颢彤小朋友的"防止摔下楼背心"作品，荣获了"INOVA 国际发明展银奖、马来西亚特别奖、加拿大特别奖"。

百宽眼见许多选手获奖，自己却没有评审青睐，不禁有些伤怀。但仍然调整好状态，继续保持高度的热情向参加展会的嘉宾介绍自己的作品。展会第三天的颁奖晚宴上，从七点开始的晚宴不断在宣布获得铜奖、银奖的选手名单，煎熬到九点半时，与百宽同来参赛的小伙伴们都捧到了心仪的银奖和特别奖，唯独百宽手中空空如也。此时，别说是孩子，就是家长和老师，自以为心理建设工作做得很周全，在这样的氛围下也变得不淡定了。正当我们情绪低落，以为不会有任何奖项收获时，忽然听到主席台上颁奖嘉宾念"金奖以及最佳青少年发明奖是: The Crosswalk lights for color blind people"。这是百宽的发明作品！接下来是"Beijing, China！"这一刻，百宽激动得一蹦三尺高，兴奋地三步并作两步，跑步上台领奖！此时我们悬着的一颗心都放了下来，终于获奖了，而且是全场唯一一个"最佳国际青少年发明大奖"。

拿完大奖回来，追根溯源要感谢很多人。其中最感谢的人就是巧思法的创始人——程淮教授。没有程教授对巧思法的开发和引领，就没有百宽在幸福泉幼儿园大班的发明专利，没有巧思法这种科学的方法论，就不会有百宽的创新思维和获得国际大奖的创新作品。细细回顾百宽这个发明专利的诞生，有许多故事要讲。

接触巧思法，最初是在幸福泉的幼儿园小班。到中班时，听说园里有"小小创意发明家俱乐部"的活动，我们毫不犹豫地报了名。百宽参加了一年"小小创意发明家俱乐部"的活动。这一年他最大的变化就是喜欢提问题了，他会细心观察生活中的事物或事件，发表自己的意见，更可贵的是，他能针对一个问题提出好多让大人匪夷所思的解决办法。比如，我家的餐桌有点矮，所以吃饭时容易勾肩弓背引起坐姿不正确的问题，他就想：能不能有个能自由升降的桌腿？再比如，我养了许多花草，有时会忘记浇水，他就想：能不能发明一个闹铃提醒装置，定时提醒妈妈浇水？这种例子不胜枚举。他发现问题后，还能将这个问题提交到创客课堂上，和创客的老师和同学们一起想办法。最有趣的是，他会直接将解决问题的方法用绘画的方式记录下来。每个问题经过头脑风暴，可能会有不同的解决办法，经过讨论，百宽会在老师的指导下，将自己觉得最优的方案画下来。

　　具体到这个"适用于色盲人群的人行横道灯"，要从一个交通事故说起。我的一位老邻居由于是色盲，在过马路时发生了交通事故而去世了。我们都很伤心。百宽听了这件事，就把色盲、色弱[①]人群如何过马路这个问题记录下来，拿到幼儿园创客小课堂上去讨论、想办法，最终优化的结果就是现在专利的雏形。当时创客的老师说，这个创意很好，可以申请发明专利，我们家长都不相信。一年后的2017年12月19日，中华人民共和国国家知识产权局下发了颜百宽实用新型专利证书，当时我们都震惊了！

　　一颗创想的种子，在程淮教授巧思法的引领下，在幸福泉幼儿园老师的小心呵护下，在创客公司诸多老师和工作人员的努力浇灌下，开出了发明专利这朵娇艳的花朵。

　　面对我在雾霾天气常咳嗽的情形，百宽说："我要发明一个除雾霾的机器人，它有长长的吸管能吸走雾霾，有大大的风扇能吹出新鲜干净的空气。"我趁机提要求："最好加点湿，妈妈觉得北方太干。"于是百宽画了一幅《除霾机器人》，有长吸管用来吸PM2.5；大风扇能吹出新风，同时还能加湿；机器人的脚还带扫帚功能，可随时洒水扫地。这幅画我留

---

①注：色盲、色弱是两种情况，要么是色盲，要么是色弱。

了好久，但也仅作为大人对孩子画画作品的一种纪念，我从没想过这个会有什么发明价值。直到这次到了克罗地亚，参加了 43 届世界发明展，看到了展会上台湾某个大学的除雾霾机器专利成果。它也采用吸管和风扇吸走雾霾呼出新风。这时我才知道，发明真的离我们很近，如果当时我让百宽把这个创想交给幸福泉幼儿园，让专业的老师用巧思法进行引导和细化，最后可能又有新的发明创意作品产生。

总之，今天百宽获得这个大奖，乍看是幸运偶然，但细想也有必然的因素。再次感谢程淮教授，感谢他发明的巧思法，希望百宽继续运用"提问、探索、优化、展示和行动"的巧思法五步曲，发挥创新思维，为了人们的生活更便利、更美好而不断努力！（袁江月）

创新人才培养须从幼儿抓起

纵观全球性的科技与教育发展动向，我们发现，目前世界各国主要在两个领域为可持续发展进行着激烈的人才竞争：一是高新技术领域；二是儿童潜能发展与创新教育领域。前者是人类认识自然、促进社会发展的尖端科学，后者是人类认识自身、开发潜能的前沿科学。一些发达国家已把儿童创新教育作为人才强国战略的奠基工程，为创新教育赋予了承担民族与国家未来的使命。

人类的大脑发育存在"机会之窗"。幼儿期是儿童创造力或创造性发展的启蒙期，是培养创新精神和创新能力的敏感期或最佳发展期（见图 2-5）。趁热打铁才能成功，亡羊补牢不足为取。培养幼儿的创造力是从源头上培养创新人才，直面破解"钱学森之问"的基础工程；是建设创新型国家、实现教育强国战略的必然要求。研究发现，2～6 岁是发展幼儿创造力的敏感期或最佳发展期。幼儿的想象力和创造力远远超出成人的想象。英国脑科学家东尼·博赞认为，人类创造力的发挥与年龄有一定关系。在所有年龄段中，幼儿创造力的发挥效果是最好的。美国麻省理工学院（MIT）实验室有一个被命名为"终身幼儿园"的研究团队，研究重点就是根据幼儿园孩子们探索世界的方式进行创造力产品的开发。难怪有科学家说，如果你有什么百思不得其解的难题，最好去问问幼儿园的孩子们。

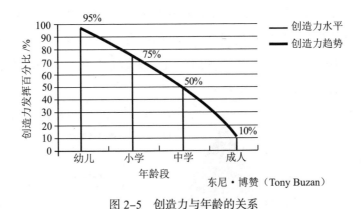

图 2-5　创造力与年龄的关系

孩子在幼儿期之所以可以表现出超常的想象力和创造力，可能与他们刚刚出现了创造力的萌芽，可以无拘无束地想象和创造，发挥他们与生俱来的创造力有关。因此，保护、启迪与发展儿童的创造力就是把握了国家与民族未来发展的命脉，意义深远。在实施"大众创业、万众创新"国家战略的"万众"中，应当有"儿童"的身影，培养创新人才要从幼儿抓起。

创造力释疑

我国著名心理学家和教育家林崇德将创造力定义为：根据一定目的，运用一切已知信息，产生出某种新颖、独特、具有社会意义（或个人价值）的产品的智力品质。创造力是智力的最高表现。国际上公认的创造性产品或成果具有两大特征：第一是新颖，第二是有用。如果仅仅新颖却没有实用价值，那属于想法古怪；如果有实用价值但是不新颖，就没有创造性。

也许你认为，那些能够产生发明创造，对世界做出巨大贡献的人无疑具有创造力。但是，我们普通人呢？我们有创造力吗？

美国心理学家考夫曼提出了创造力（creativity）4C 理论（C，creativity），把创造力从低到高划分成"微创造力"（Mini-C）、"小创造力或日常创造力"（Little-C）、"专业创造力"（Pro-C）和"大创造力或杰出创造力"（Big-C）（见图 2-6）。

图 2-6　创造力 4C 理论

林崇德先生也提出了创造性人才的三层次理论：第一层次是一般大众的创造力，可以说人人都有创造力；第二层次是专门人才或创造性人才；第三层次是拔尖创新人才，是各行各业的顶尖人才。

具有典型创造力的人往往在他人生的早期阶段，会首先经历"微创造力"或"日常创造力"的探索和尝试阶段，并在很小的时候就展现出对某个领域的浓厚兴趣，产生与众不同的行为；在老师、家长或其他有影响力的导师的点拨、持续培养和自身努力下，可以进一步培养成创造性的专业人才；经过不断积累和突破，可能进入更加高级和更专业的创造力阶段，成为能够做出杰出贡献的拔尖创新人才，乃至成为大师级的人物。

正如万丈高楼也需要一砖一瓦去搭建，杰出的创造力也必然是从微小的创造力开始发展的。在幼儿期就注意珍惜、保护和启迪孩子的创造力非常重要。创造力或许很难被培养，但很容易被扼杀！

人与其他物种的根本区别是人具有创造力。创造力在本质上是人们解决问题以适应或改造环境的能力，这一概念对于我们理解人的创造力和促进创造潜能的发展具有启发意义。人的一生都在解决问题。其实，每天早晨，当我们一觉醒来时，就会遇到各种各样的学习、生活和工作中的问题需要解决；一个呱呱坠地的婴儿，在完成社会化的过程中，同样会遇到各种各样成长的烦恼。而解决问题以适应或改变环境的过程，就是发挥创造力的过程。每个人都有创造力或创造潜能，因为我们每个人都需要解决问题以适应或改变环境。人民教育家陶行知先生曾说："人类社会，处处是创造之地，天天是创造之时，人人是创造之人。"

创造力的来源

人的好奇心与生俱来，发现问题、解决问题，以适应或改变环境是人类的本能。从这个意义上说，人的创造力是与生俱来的，是天赋潜能。然而创造力的个体差异，从小 C 到大 C 是不是由遗传决定的呢？

近十年来，关于创造力的生物学基础特别是遗传基因学研究取得了一些进展。科学家们相继发现创造性思维、创造性人格以及音乐、美术等特殊的创造性天才都与某些基因有一定的关联。人们甚至发现，艺术创造性与某些精神疾病可能有共同的遗传基因。难怪有人研究"天才病迹学"，寻找古今中外高智名人的异常心理表现，但一直没有得到严格的统计学的证明，而基因学或许能给出一些可能的解释。但是，这种基因与创造性行为之间的相关研究，一方面只能部分解释创造性的个体差异；另一方面统计学的相关研究只能说明两者有关联，但并不能明确做出基因与行为之间的因果关系的推断。而且，由遗传基因最终表达成为个体创造性的能力行为特征会受诸多因素的影响，特别是后天环境、教育与实践的影响。即使有一天，我们了解了数百万个基因位点中每一个单独的基因位点与创造性行为的关系，也不能说我们已经完全阐明了整个大脑创造性活动的原理，就像我们了解了鸟的每一根美丽的羽毛，并不等于我们已经了解了鸟的整体飞行原理一样。我们不能把人类最复杂最奇妙的创造性活动还原为一种大脑的生理机能活动甚至一堆物理、化学变化，而是需要做从微观的分子变化到宏观的行为变化的整合研究，也就是只有将还原论与整体论结合起来，我们才有希望真正揭示大脑创造性活动的奥秘。"路漫漫其修远兮"，我们才刚刚出发。

美国心理学家马斯洛从个体—社会创造力的角度，概括出人的创造性有两种：一种是特殊才能的创造性；另一种是自我实现的创造性。其中，前者指的是科学家、发明家、作家、艺术家等杰出人物产生的具有社会价值的创造，后者是指在开发个人的创造潜能、自我实现意义上的创造，是从事对他人而言可能并不新而对自己来说是初次进行的活动的创造性。例如，农村的老年人用一根小棍子插在玉米芯上自制出痒痒挠；小学生用两支铅笔一次可以写出两行字；等等。这些都是创造性的发挥，对个人而言，也具有新颖、有用的特点。这与考夫曼的4C理论有相通之处。

然而，具有"特殊才能的创造性"的人，或具有专业创造力乃至杰出创造力的人，并非天生就能表现出很强的创造力，而需要经过教育和社会实践的锻炼才能发展出很强的创造力。只是在吸取他人的自我实现的创造性的基础上，加上他本人自我实现的创造性，才会产生特殊才能的创造性。例如，大发明家爱迪生的工作团队中，就有技工、车工、钟表匠等，这些能工巧匠对爱迪生的发明创造所做的贡献也是难以估量的。因此，创造力会有类型和程度的不同，如科学领域、艺术领域、社交领域和企业领域的创造性个性特点就表现出不同的类型。而每个人的创造力之所以不同，先天遗传只是基础，创造潜能的激发只有依靠后天科学的教育和实践，才能转化为显性的创造能力，并不断得到提高。

创造力和智力的关系

创造力与智力在心理学中不是同一个概念，而且对智力和创造力进行测量所采用的测量方法和测量工具也不相同。研究发现，用传统智力测验测出的高智商的人，不一定创造力就强，而创造力强的人至少有中等以上水平的智力。智力测验所测量的内容是要求个体找出问题唯一正确答案的思维方式，被称为"聚合性思维"。而以美国心理学家吉尔福特为代表的创造性心理学家则把"发散性思维"作为创造性思维最重要的思维方式，要求个体发现问题的各种不同答案和解决方法，不强求绝对的正确答案。因此，以聚合性思维为代表的智商测验与以发散性思维为代表的创造力测验对创造力和智力进行测量，得出的分数就自然不同。以测验分数所表达的智力和创造力显然不是一个概念。研究发现，智商与发散性思维之间只存在中度相关，而家庭环境对发散性思维的影响作用似乎比遗传因素更强。那些发散性思维得分高的儿童的父母经常鼓励儿童的好奇心，并给他们充分的自由去对自己感兴趣的事物进行深入的探索。因此，发散性思维是一种区别于普通智力的认知技巧，是可以培养提高的。但是人在儿童或青少年时期所测得的发散性思维测验的得分，与其在后来取得的创造性成就之间也只是中度相关。因此，像"头脑风暴"式的发散性思维尽管可以促进创造性地解决问题，但并不能完全代表人的创造力。

通过智商在一定程度上可以预测学生的学业成绩，但不能预测一个人成年后的创造性成就。美国斯坦福大学的推孟教授及其追随者曾主持了一项近80年的追踪研究——推孟天才儿童计划。推孟的天才儿童研究始于1921年，当时共招募了1528名学龄前或者小学低年级平均智商151

的天才儿童（平均年龄 11 岁），追踪这些人直到他们的平均年龄达到 80 多岁。这些高智商的天才儿童长大后大多成为聪慧且受过教育的中产阶级，如律师、大学教师、商人、工程师、作家等，并在各自的专业领域做出了一定的贡献。但是，推孟也发现，还有一些人智商高达 180 以上，却没有什么成就。于是，他就挑选出成就最大的和成就最小的各 150 人，进行分析比较，发现这两组人的主要差异并不在于智力，而在于非智力品质。成就大的一组在自信心、进取心、坚持精神等非智力品质方面，远远高于成就小的那一组。

被追踪的这些天才儿童中并没有产生特别著名或者对世界有重大影响的杰出人物。相反，当年在推孟的项目中，晶体管之父、1956 年诺贝尔物理学奖获得者、曾创立了硅谷历史上第一家科技公司的威廉·肖克利（William Shockley，1910—1989），却因为智商不高而没有入选推孟的天才儿童追踪计划。看来，杰出人才不是一般的专家，他们是创新者，是从 0 到 1 的开创者，是杰出的创造性人才。对于像莫扎特、爱因斯坦或者袁隆平这一类开创性的人才来说，创造力比高智商更加重要。

美国国家天才研究中心主任兰祖利（Renzuli）教授经过长期研究发现，做出杰出贡献的人物具有三大特质：① 中等以上智力（处于前 15% ～ 20%）；② 富有创造力；③ 执着精神。也就是说，做出杰出贡献的那些人，往往并不需要更高的智商，但是富有创造力。具有坚忍不拔的执着精神等非智力品质则是成功的必要条件。这三大特质都是可以从小培养的。

"创造智慧论"：打通智力和创造力发展的路径

2010 年，在北京多元智能国际研讨会上，美国著名心理学家、哈佛大学教授加德纳提出了他发现的第 10 种智能类型——财经智能，也就是那些银行家或者金融家所拥有的一种智能。这是对他的著名的"多元智能理论"的一种补充。加德纳说，他可能还会发现第 11 种、第 12 种，甚至第13种智能。在会上，我提出了以创造为价值取向的智能理论——"创造智慧论"（也称"核心智慧论"）（其理论模型见图2-7）。

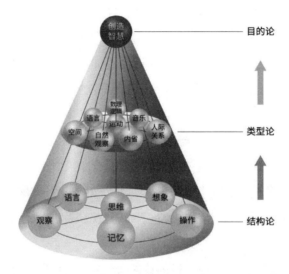

图 2-7　以创造为价值取向的"核心智慧论"理论模型

　　早期的智力理论主要是结构论。心理学家必须回答这几个问题：智力是什么？它有什么样的结构？智力结构包括观察、记忆、思维、想象、语言、操作等。由此，人们发明了智力测验工具，以便能够了解智力水平及差异（图2-7的下层）。哈佛大学加德纳教授发现，人的智力并不是只有语言和数理逻辑这种学术性的类型。他发现，在现实生活中不同的职业需要不同的智能类型，他从培养人才的教育实践出发，提出了多元智能理论。这种理论成为类型论智能观的代表。加德纳将人的整体智能划分为 8 个不同的类型，即语言智能、数理逻辑智能、空间智能、音乐智能、运动智能、人际关系智能、内省智能和自然观察智能（图2-7的中层）。加德纳认为，每个人都有自己的优势潜能组合类型。学术型、社交型以及艺术型人才的优势智能是不同的。因此，仅仅用学业成绩评价学生并预测其将来的成就是不可取的。而如何帮助学生充分发展并形成自身的优势智能，是学校教育义不容辞的责任。由于加德纳的多元智能理论对学校的教育实践具有现实的指导意义，因此在教育界产生了重要影响。

但是，加德纳并没有阐明人的智慧和动物智慧的区别，比如自然观察智能。我们有鹰那种视觉观察力吗？再如运动智能，我们并没有豹子那么快的奔跑速度。但人类之所以能够成为万物之灵，是因为人类拥有世界上最伟大的智慧——创造力。人类传承和发展自身智慧的根本目的在于创造；人类智慧与动物智慧的根本区别是能否进行创造活动；人类智慧的最高表现是创造；人生的价值在于创造；人类的文明史就是一部创造史。创造智慧才是人类智慧的本质和核心。我们把以创造人类的新文明为价值取向的这种智能观，称为"创造智慧论"或者"核心智慧论"。

创造智慧论首先是一种"目的论"（图2-7的顶层），强调人类一切智慧活动的根本目的就是创造，它是以培养儿童创新能力并拥有幸福人生为价值取向的智能观，区别于结构论和类型论。

创造智慧论是一种"整合理论"，与有着浓厚的西方哲学"还原论"色彩的多元智能理论的哲学基础不同。加德纳曾预言会发现第九种甚至更多智能类型，具有一种扩散性的、把整体还原成局部类型的特征。然而，我们要问，智慧的核心是什么？——就是创造的智慧。因为所有智能类型的最高表现就是创造。例如，曹雪芹的语言智能的最高表现，是创作出《红楼梦》这样的经典传世之作；莫扎特和贝多芬的音乐智能的最高表现，是他们创作出了能够流传下来的不朽的音乐作品；刘翔的运动智能的最高表现，是曾创造了110米跨栏短跑的世界纪录；袁隆平的自然观察智能的最高表现，是他创造出了亩产1500千克的杂交水稻奇迹……创造智慧论是一种代表着东方智慧的"整体论"，有别于西方的"还原论"。创造智慧是个体的多种智慧潜能优化整合而表现出来的能够改变环境的创造力量（包括思想成果和物质产品）。创造智慧论并不排斥结构论和功能论，而是在吸纳结构论和功能论合理内容基础上的一种整合与创新，具有将东西方教育哲学融合的整合性的特征。

创造智慧论还是一种"核心论"，它强调发展儿童的智慧潜能要瞄准发展儿童创造智慧这个核心，紧紧围绕培养人的创造智慧来搭建儿童个体的知识结构和能力结构，充分发展其优势潜能。直接瞄准核心，我们就不会迷失智能教育的方向。这将打通开发智力和培养创造力的路径。

创造智慧论对孩子的培养和成才有什么启示呢？

要培养孩子的创造智慧，需要在孩子发展的早期阶段，特别注意全面培养孩子的观察、记忆、思维、想象、语言、操作等多种结构化的智能；随着儿童年龄的增长，各种智能将组合成一定的类型，从而表现出一定的优势智能，如学术型、社交型和艺术型等。不同的类型组合，最终指向智力的核心，那就是创造智慧。要让孩子在 1～2 个领域做出创造性的贡献，"不争第一，创造唯一"，这是我们倡导的成才策略。因为想处处争第一是不可能的，但是可以创造唯一。唯一不是争出来的，而是自己创造出来的。争第一，是别人制定的规则，你参与竞争得到名次；而唯一，是从 0 到 1 的突破，只有你才是规则的制定者，实际上往往还是该领域的第一。创造唯一，才是未来立足社会的核心竞争力，所以必须培养孩子创造唯一的能力——创造力。

一个著名公式：创造性人才 = 创造性思维 + 创造性人格

阐明创造性人才的心理品质或心理结构，是培养孩子创造力的前提。我们都想知道创造性人才到底应当具备哪些优秀的心理品质，这些心理品质具有什么特点。我国心理学家林崇德教授提出了一个著名的公式：创造性人才 = 创造性思维 + 创造性人格，即创造性人才的心理结构包括创造性思维（创造性的智力因素）和创造性人格（创造性的非智力因素）。

创造性思维的特征

创造性思维是创造性的智力因素，是人们在生产新颖、有用的创造性产品的过程中产生的高级思维活动。

与只要求找出唯一正确答案的"聚合思维"或"求同思维"（一题一解）不同，"发散思维"或"求异思维"要求个体发现问题的各种不同答案或解决方法（一题多解）。自从美国心理学会主席、"创造力之父"吉尔福特在 1950 年的就职演说中提出"发散思维"概念、倡导重视创造力研究以来，吉尔福特学派乃至美国心理学界普遍认为，"发散思维"就等同于创造性思维。吉尔福特提出了以发散思维为核心的创造性思维理论，认为创造性思维具有三大特征：独创性、流畅性和灵活性，他的学生和助手托兰斯又提出了精密性，并发展了一整套在国际上广泛使用的标准化创造性思维测验。接下来将详细介绍创造性思维的特征。

独创性

举例来说，地球上的能源越来越紧缺，有没有新的办法获得能源呢？一位 6 岁的小朋友李诗语参加幼儿创造力邀请赛，把她的奇思妙想画成了一幅画，作品名称是《笑声发电机》。她说："如果我发明了'笑声发电机'，笑声能够发电，这样就有了永远都用不完的电；小朋友可以每天对着笑声发电机哈哈大笑，这样既开心了又能有电了。"可以说，笑是一种声波，是一种物理能量。利用"笑能"转化为"电能"，这种想法既独特又充满童趣，表现了幼儿天真烂漫的创造精神，可能只有孩子才能产生这种创意（见图 2-8）。还有个 5 岁的小朋友说："人能够被 E-mail 寄走吗？如果可以的话，我就给自己身上安装一个鼠标，只要一点按钮，我就会通过 E-mail 传输到千里之外的迪士尼乐园了，那该多么有趣啊。"我们要鼓励孩子的求异思维，培养他们思维的独创性。

图 2-8　儿童创意作品《笑声发电机》

流畅性

所谓流畅性，指个体在面对任务时能迅速做出反应，且单位时间内想法又多又快。那么，如何才能知道你的思维具不具有流畅性呢？用一幅图就可以测量思维的流畅性。

图 2-9 像什么？ 3 分钟内想到的答案越多越好！

图 2-9　创造性思维测验图

可能的答案有:蚊香、棒棒糖、靶子;树的年轮、涟漪;盘起来的一条蛇;

一堆牛粪；舞动的绸带；盘山公路；太阳系、银河系；电子围绕着原子核运行的轨道；等等。在限定的时间内想到的答案越多，思维的流畅性越强。

灵活性

在进行创造性思维游戏时，我们常常会创设问题情境，要求孩子们在面对问题时，必须想出办法，而且彼此的办法不能重复。如果质疑某个小朋友的办法在什么情况下行不通，那么一定要有新的解决问题的办法，以此培养孩子思维的灵活性。下面通过两个故事进行说明。

小白兔过生日，误给大灰狼发了请柬

一次，我给孩子们讲了一个《小白兔过生日》的故事。

小白兔第一次过生日，给许多小朋友发了请柬。兔妈妈从树林里采蘑菇回来了，问小白兔："你给哪些小朋友发请柬了？"小白兔说："给小猴、小花猫、小花狗、小松鼠。""还有谁啊？""大灰狼。"

"什么？你给大灰狼也发请柬了！请柬上有什么？""咱们家的地址呀！""要是大灰狼按照地址找到咱们家，那就不得了啦！"话音刚落，突然传来了敲门声。"谁呀？""我是大灰狼！"怎么办？

要求：每人为小白兔想一个办法，所有人的办法都不能重复。如果想不出新办法，可以说别的小朋友的办法在什么情况下行不通，也算通过。

第一位小朋友说："我拿一根大棒槌，躲在门后面，等大灰狼刚露出头，我就举起棒槌。'咚！'就把大灰狼打昏了！"（这是最简单易行的办法。）

第二位小朋友说："我在门口挖一个陷阱，门一开，大灰狼一进门就掉进去了。"（应用已有的间接经验，把听到的猎人抓捕动物的方法——挖陷阱与抓捕大灰狼联系起来。）

第三位小朋友说："挖陷阱来不及了，大灰狼已经快把门撞开了！"

（说明第二位小朋友的办法在紧急情况下行不通，也算通过。）

第四位小朋友说："我把门打开，给大灰狼敬酒——我的生日酒。但是，酒里有什么？——对啦，酒里有毒药。"（这是急中生智的好办法！这可能是看了《西游记》，唐僧师徒几人被妖怪毒倒了而受到的启发。）

第五位小朋友说："我让小鸟请大象伯伯来，大象伯伯鼻子长、力气大，把大灰狼用鼻子卷起来扔到河里，把它淹死！"（能利用力量强弱的对比，请比大灰狼体格强大的动物制服大灰狼。）

第六位小朋友说："我给猎人发请柬！猎人有枪，能把大灰狼打死！"（这个思维质量就不一样了。刚才都是请动物解决问题，而他请了猎人，突破了仅给小动物发请柬的思维定势。）

但是马上就有人反对了："如果猎人忘了带子弹了，那怎么办啊？"

（很棒！运用了批判性思维！对呀，猎人有可能来参加生日会时忘了带子弹，这样就会自身难保了！）

最后一位小朋友说："打110——把警察叔叔请来！"（将人类社会生活的常识运用到解决动物世界的冲突，有创意。）

创设问题情境，让孩子进行"头脑风暴游戏"，都是我们培养孩子思维的变通性或灵活性的有效办法。

懂得变通，不拘泥于某一种固化的方式，而是千方百计去找更多解决办法，做到举一反三，是创造性思维的重要特征。

曹冲称象的启示

"曹冲称象"是一个家喻户晓的故事。大象体格健硕，力大无穷，于是曹操便对其产生了好奇之心。他想知道大象的重量，但当时没有适合直接给大象称体重的量具。就在所有人都没有办法时，曹操的儿子曹冲命人将大象驱赶上船。大象上船后，曹冲命人在船与水的分界线上用刀刻下记号。然后将大象牵下船，再放入石头，使船吃水到记号处。接着，一块块地称石头的重量，最后把所有石头的重量加起来，就得到了大象的体重。曹操看了之后极为高兴，并给予曹冲重赏。

这就是变通的意义所在。如果人们还是想着一次性地将大象的体重称出来，当时显然是不可能的。正是曹冲的变通将不可能变成了可能！因此，要鼓励和引导孩子从不同的角度看待问题、剖析问题，摆脱固有思维，只有这样才能提高孩子的创造力。

精密性

所谓精密性，是指面对问题能周密思考，精确地解决问题。下面通过一个事例来说明。

在《三国演义》中，周瑜提出让诸葛亮在 10 天之内赶制 10 万支箭的要求，诸葛亮却出人意料地说 3 天时间就够了。周瑜当即要求诸葛亮立了军令状，还命鲁肃为诸葛亮把造箭的材料备齐，以免赖账。在周瑜看来，诸葛亮无论如何也不可能在 3 天之内造出 10 万支箭。

谁知诸葛亮并不着手造箭，只让鲁肃帮忙准备 20 只船，每船配置 30 名军士，船只全用青布为幔，各束草把千余个，分别竖在船的两舷。鲁肃和周瑜眼见诸葛亮毫无动静，都大惑不解。

到了第三天凌晨，浩浩江面雾气霏霏，漆黑一片。诸葛亮命人用长索将 20 只船连在一起，起锚向北岸曹军大营进发。待接近曹操的水寨时，诸葛亮又命令士卒将船只头西尾东一字摆开，横于曹军寨前。然后，命令士卒擂鼓呐喊，制造一种击鼓进兵的声势。曹操担心重雾迷江遭到埋伏，不肯轻易出战。他急调弓弩手 6000 多人赶到江边，会同水军射手，共约 10 000 多人，一齐向江中乱射。一时间，箭如飞蝗，纷纷射在江心船上的草把和布幔之上。过了一会儿，诸葛亮又从容地命令船队调转方向，头东尾西，靠近水寨受箭，并让士卒加劲地擂鼓呐喊。日出雾散后，人们发现船上的全部草把都密密麻麻地排满了箭。此时，诸葛亮才下令船队调头返回。他还命令所有士卒一齐高声大喊："谢谢曹丞相赐箭！"当曹操得知实情时，诸葛亮的取箭船队已经离去20余里，曹军追之不及，曹操为此懊悔不已。

船队返营后，共得箭10余万枝，为时不过3天。鲁肃目睹其事，称诸葛亮为"神人"。周瑜得知这一切以后自叹不如。

草船借箭之所以能够成功，与诸葛亮能周密谋划，也就是"神机妙算"密切相关。他通天文、识地理，又会排兵布阵，算好了第三天夜里江上要起雾，才利用漫天大雾的自然时机获得了箭。这体现了创造性思维中的精密性特征。

优选性

所谓优选性，是指解决两难或者多难问题的过程中，选择最优或最佳解决方案的创造性思维特征。优选思维是我们依据中华优秀传统文化的中庸智慧而提出的创造性思维特征。下面通过两个事例来说明。

"雨夜搭车"——一个著名的优选思维案例：多难问题的选择

在一个暴风雨的夜晚，

你开着车，经过一个车站，有3个人正在等公共汽车。

一个是快要死的老人，很可怜。

一个是医生，他曾经救过你的命，是你的大恩人，你做梦都想报答他。

还有一个是你的梦中情人，也许错过这次机会你就再也见不到他了。

但你的车只能再坐一个人，你会如何选择？请解释一下你的理由。

一般回答：

A：让老人上车，送他到医院。这世上，只有生命最重要。

B：让医生上车，要不是他救我，我早就不在这个世上了。

C：从道义上讲，应该先救老人；但讲心里话，我真想带着梦中情人走，谁知道下次什么时候再能见到？也许根本就没有下次了！

……

无论请三个人中的哪一位上车，都不是最佳解决方案。

优选解——最佳解决方案如下。

（1）我下车，请医生开车送老人去医院，因为救死扶伤也是医生的天职。

（2）我与梦中情人约会，暴风雨更会增添我们约会的浪漫色彩！好像到此为止就是最佳解决方案了。

然而，优选思维的价值取向，是所有问题相关方的利益最大化。你只是让救命恩人去履行医生的天职，但却没有向他有任何表示。因此，最佳解决方案还应该加一条。

（3）我与梦中情人约会后，再一起去医院慰问医生并取车（车还在医院呢）。

优选思维，既要……又要……还要……鱼和熊掌兼得。让所有问题相关方的利益最大化，这才是多赢的解决方案，体现了中华优秀传统文化的中庸智慧。

国王的画像

传说，古时候有一个国王长得十分丑陋，他一只眼睛瞎了，一条腿还瘸着。然而，有一天，国王召集全国的画师为他画像，并发话说，画得令他满意的有赏，令他不满意的就要被杀头。一个画师想："国王的威严谁敢冒犯！尽管国王长相丑陋，我还是给他画张漂亮的吧。"于是，他画了一张画像呈献给国王，画上的国王不瞎不瘸不丑，威严无比。谁知国王一看，勃然大怒道："弄虚作假，阿谀奉承，这一定是个有野心的小人。留着何益，拉出去斩首！"这个画师被杀了。

第二个画师想："既然画虚假的画像国王恼怒，那么我就给他如实画吧。"于是，第二个画师画了一张画像呈献给国王，只见画像上的国王瞎着一只眼，瘸着一条腿，又老又丑，没一点儿一国之主的威严形象。国王一看怒火中烧，大喝道："胆敢丑化国王，冒犯天威，此等狂妄之徒，留之何益，拉出去斩首！"第二个画师也被杀了。

画师们不敢冒险给国王画像了，但不画也是会被杀头的。在众画师为难之时，人群中闪出一个人来，他双手呈上一幅画像给国王。

国王一看这幅画像，不禁连连惊叹，赞不绝口，并将画像赐给群臣观赏。这是一幅国王狩猎图。只见国王一条腿站在地上，一条腿蹬在一个树墩上，睁着一只眼，闭着一只眼，正在引弓瞄准。这幅画，真是太妙了，百官惊叹不已。画师们更是啧啧称赞，自叹不如。国王赐给这个画师千两黄金作为奖赏。

其实，这位受赏的画师正是运用了优选思维——既要尊重事实，又要巧妙遮掩国王的缺点，还要维护国王的形象，才解决了这个两难问题。

王僧虔智答齐高帝

如果"国王的画像"只是一个传说，那么"王僧虔智答齐高帝"则是一个真实的历史故事。

南朝齐国的王僧虔是一位著名的书法家，是书圣王羲之的孙子。当时的皇帝齐高帝也酷爱书法。

一次齐高帝当着文武百官的面即兴问了王僧虔一个问题："朕与你的书法造诣都是首屈一指，不过到底谁的书法更高一筹呢？"面对突如其来的问题，王僧虔毫无准备，听后不禁愣了一会儿。他想，以书法的实力来看，齐高帝确实略逊一筹，可如果说自己的书法优于皇帝，那就是轻视皇帝，不会有什么好下场；可如果昧着良心说自己的书法稍逊一筹，会被误认为是有意欺骗皇上，又犯下欺君之罪，同样没有好下场。最佳答案应当是既要坦诚，又要顾及皇帝的尊严。

思索片刻之后，王僧虔毕恭毕敬地对齐高帝说："臣的书法敢说是人臣第一，而皇上的书法必定是皇中称王。"这个回答折服了齐高帝和在场的所有文武百官，也使王僧虔成功地化解了其人生道路上的一次险情，成为一段急中生智、摆脱两难处境的千古美谈。

创造性人格的特征

创造性人格是创造性的非智力因素，是人们赖以做出创造性成就的更加重要的心理品质，如自信心、好奇心、问题意识、质疑精神、永不满足的进取心、对真知的执着追求、强烈的使命情怀、坚韧顽强的意志等。爱因斯坦曾说："智力上的成就在很大程度上依赖于性格的伟大，这一点往往超出人们通常的认识。"正是这些创造性的非智力品质或人格特质，影响并决定着人的命运。

如果创造性思维是创新的操作系统，在创新活动中每时每刻都在起作用，那么创造性人格就是创新的动力系统，在创新活动中起着定向、引导、维持、调节、强化等作用，往往在创新的关键时刻、在重大抉择的关头，发挥决定性的作用。

创造性人格作为一种个性心理特征，其形成和发展是遗传和环境相互作用的结果，而后天培养起着主要作用。创造性人格并不是某类人专有的，它可以存在于每个人身上。由于人们所处的发展环境和发展条件不同，创造性人格的发展程度也有所不同。俗话说：3岁看大，7岁看老。江山易改，禀性难移。"看大"和"看老"，看的是什么？从创造力发展的角度来讲，其实要看的不仅仅是创造性思维，更重要的是创造性人格或者性格秉性。众所周知，爱迪生一生拥有1300多种发明专利，可他只上了3个月小学。他非凡的创造性人格——强烈的好奇心和求知欲、丰富的想象力、坚忍不拔的毅力，才是他取得成功的秘诀所在。

根据我们的研究，儿童的创造性人格包括以下几个方面的特征。

敢为性

独立思考，敢想敢干，是创造性人格的重要特征。然而，在历史上，凡是做出创造性的新发现或提出新观点的人，往往要遭受世俗观念的嘲讽冲击甚至权威的否定，因为它常常会冒犯既得利益者。从这个意义上说，要做出创造性的发现，更需要敢为性。

在新冠肺炎疫情之下，洗手是防控感染最简单、最有效的措施之一。"七步洗手法"已经是幼儿园小朋友们都能熟练掌握的卫生方法。然而，首倡手卫生的先驱者、"手卫生之父"——一位奥地利维也纳的产科医生却因此在悲愤中含冤死去。

很久以前的欧洲，医生们自认为自己很高贵，所以在给病人做检查和手术之前是从不洗手的。

长期以来，医生们一直认为手术后切口感染是自然现象，化脓是切口愈合的必然过程。

当时，在欧洲的医院里，产妇生下孩子后往往会得一种致命的病——产褥热。产科医生塞麦尔维斯想到产褥热可能会直接被从验尸房出来的医学教员和学生的手带给产妇。为了消灭手上的"尸体物质"，他建立了一条严格的制度：在检查产妇之前，必须先用含有漂白粉的水洗手。采用这一步骤后，维也纳总医院第一产室产褥热的死亡率立即由12%降为3%，后又降为1%。他的理论在很多地方受到欢迎，并为一些医院所采用。但是这种革命的思想因把死亡的责任归咎于产科医生而招致了权威人士的反对，于是他们拒绝续聘他为助手。他离开了维也纳，到了布达佩斯，在那里成为一名无报酬的名誉主任医生。他介绍的方法再度起了作用。然而他在理论方面的进展却不大，甚至遭到细胞学说（19世纪三大发现之一）的创立者魏尔啸（R.C.Virchow，1821—1902）的反对。他写了一本书，就是著名的《病原学》。今天这本书被认为是医学文献方面的经典著作，但当时卖不出去。挫折使塞麦尔维斯暴躁，他孤注一掷，写文章把不肯采用他方法的人称作杀人犯。但在当时医学上还没有证明细菌能引起疾病之前，他这样做只会受到嘲笑。他的结局很悲惨，1865年被送进疯人院。然而，令人唏嘘的是：进疯人院后几天，他就因最后一次产科手术时手指受伤的伤口感染而死，成为他毕生奋斗所要预防的细菌感染的牺牲品。他坚信自己认定的真理总有一天会昭彰于世，从不动摇。他在为自己的《病原学》所做的颇带哀愁的引言中写道："回顾以往，我只能期待有一天终于消灭这种细菌感染，用这样的欢快来驱散我身上的哀伤。但是如果天不从人愿，我不能亲睹这一幸福的时刻，那么，让坚信这一天迟早会到来的信念做我临终的安慰吧。"

就在塞麦尔维斯去世的那一年，法国科学家巴斯德（"巴氏消毒法"的创始人）开始研究病原菌。他在显微镜下发现了细菌，自此开启了细菌学说的伟大时代。作为一名产科医生，塞麦尔维斯的理论虽然缺少科学家的实验室证据，但面对学术界的反对和诋毁，他是一位义无反顾的敢为者——敢于将自己的发现公之于世，并为此奋斗一生。1894年，人们在布达佩斯为塞麦尔维斯建立了纪念馆。如今，布达佩斯市中心的一个广场上竖立着他的纪念雕像，布达佩斯最著名的医科大学以他的名字命名。在匈牙利医学史上，塞麦尔维斯被称为"母亲救世主"，一个令人敬仰的人。

好奇心

好奇心是人类与生俱来的本能，是人类探索未知的动力。居里夫人曾说："好奇心是科学家的第一美德。"弗莱明在谈到自己发现青霉素时说："我是在做游戏的时候发现了青霉素。""游戏"一词意义颇深，因为它明白地告诉我们，科学家工作是为了满足自己的好奇心。对于英国生理学家斯塔林来说，"研究生理学是世上最令人开心的娱乐活动"。而爱因斯坦则说："我没有特别的才能，只有强烈的好奇心。"

据说，现代原子理论的创立者——英国化学家和物理学家道尔顿有一次在圣诞前夕给他的妈妈买了一双棕灰色的袜子，可是妈妈却问为什么给她买了一双樱桃红色的袜子。道尔顿并不认为妈妈在和他开玩笑，而是对妈妈的问话产生了极大的兴趣，于是跑去问周边的人，发现除了弟弟与自己的看法相同外，其余的人都和妈妈一样，说袜子是樱桃红色。道尔顿觉得这件小事并不寻常，他对此事的好奇心也越来越大。经过认真地分析与比较，他发现弟弟和自己的色觉与别人不同，原来弟弟和自己都是色盲。后来，他发表了研究论文《论色盲》，成为先天性色盲（又称道尔顿氏红绿色盲）发现者。道尔顿虽然不是生物学家和医学家，但是好奇心却驱使他成为第一个发现色盲的人，也是第一个被自己发现的色盲患者。

众所周知，牛顿对苹果落地产生好奇，于是发现了万有引力；瓦特对蒸汽顶开了壶盖十分好奇，于是成功发明了蒸汽机；爱迪生小时候看母鸡孵鸡蛋，自己也尝试孵小鸡，好奇心使他成为伟大的发明家；爱因斯坦4岁时从父亲手中得到一个罗盘，竟然激动得浑身颤抖，迫切想知道指针背后的秘密；伽利略对教堂的吊灯摇晃感到好奇，从而发现了单摆。人的好奇心有健康的和不健康的之分。唯有健康的好奇心，才能让你发现美好和奇迹。

2004年，哈佛大学拒绝了164个SAT满分的中国学生（SAT是由美国大学委员会主办的"学术能力评估测试"。SAT成绩是世界各国高中生申请美国名校学习及获得奖学金的重要参考，满分是2400分）。其中一位学生的家长质问学校："为什么不录取我女儿？"哈佛大学解释："您女儿除了满分，什么都没有。"那么，哈佛大学究竟青睐什么样的学生呢？在2010年的中外校长论坛上，哈佛大学校长陆登庭回答："哈佛需要知道，一个学到了很多知识的学生，是否也具有创造性，是否有探求新的领域的好奇心和动力，是否有广泛的兴趣……"哈佛大学要找具有利他主义（altruism）、领导力（leadership）和创造力（creativity）的人才。

也是在 2004 年，哈佛大学以全额奖学金录取了一名 SAT 只考了 1560 分的中国甘肃学生。这名学生在高一时发明了一种过滤水的装置，免费提供给附近村庄的农民。这种孩子，正是哈佛精神的生动体现。在这样的人面前，哈佛大学的大门必然开启。

儿童的好奇心最强，他们对未知事物充满了新奇感，有探索精神。但好奇心能否保持到成年，在很大程度上依赖于早期生活经验中因此受到的支持、鼓励和强化，早期生活经验中因好奇心而受到的支持、鼓励和强化会逐渐内化为儿童的创造性人格特征。但是，如果不加以悉心保护，好奇心则很容易退化甚至消失。

拥有好奇心并不仅仅是为了发明创造。更重要的是，一个人拥有好奇心，才会发现世界的美妙，才会对生活充满激情，才会主动去学习和了解世界，才能保持灵活的头脑，才会富有朝气和活力，特别是拥有随时去做自己从来没有做过的新事情的勇气，迎接各种不期而遇的挑战，富有创造性地学习和工作；一个人拥有好奇心，才会不给自己的人生设限，才会发掘出自身还没有被发现的潜能；一个人拥有好奇心，才会永远拥有一颗年轻的心。因此，好奇心是保持年轻的灵丹妙药。人生的最好状态，就是永远保持对世界的好奇之心。

想象力

最能体现人类最初想象力的应该是古代的神话故事。神话来源于远古先民对世界起源、自然现象和社会生活的原始理解与想象。任何神话都起源于人们因对自然和社会现象无法做出科学解释、进而借助想象力表达人类征服自然和改造世界的梦想和愿望的故事。

在比较东西方的神话故事时，人们不仅惊叹远古时代先民们丰富的想象力，同时发现，中华民族的神话表现出了有伟大创新精神和奋斗不息的人格特质。

在《圣经》里，天地万物是上帝在七天之内创造出来的，一切都是神的安排；而在中国神话里，天地万物源于盘古开天辟地的创举。在希腊神话里，人类需要的火种是普罗米修斯盗来的；而在中国的神话里，火是燧人氏通过钻木取火坚忍不拔地摩擦出来的。面对末日洪水，希伯来人躲避在上帝安排的诺亚方舟里一年零十天；中国人则在大禹的带领下，历尽千辛万苦，用了13年才战胜了洪水，并有大禹三过家门而不入的美谈。在希腊神话众多的奥林匹斯山神中，最受推崇的当属太阳神阿波罗。在许多民族的太阳神传说中，只有中国的神话里有敢于挑战太阳神的故事。"夸父追日"的故事中，人们把夸父当作英雄来传颂，是因为他为了大家的幸福生活，敢于和看起来难以战胜的力量做斗争；"后羿射日"的故事中，爬过了九十九座高山，迈过了九十九条大河，穿过了九十九个峡谷，来到了东海边，拉开了有万斤力的弓弩，搭上了千斤重的利箭，终于射下来九个太阳。"幸福都是奋斗出来的"，中国人自远古以来就认同这个观点。

盘古开天、女娲补天、燧人取火、仓颉造字，精卫填海、夸父追日、神农尝草、愚公移山……这些震撼人心的史诗般的神话，不仅突显了中国古代人民的卓越想象力，还体现了中华民族的创造精神和坚忍不拔、不屈不挠的奋斗精神，是民族文化自信的"精神图腾"。这些神话也将作为优秀的创造性人格特质激励炎黄子孙在新时代不懈奋斗，砥砺前行。

坚持性

坚持性或者说执着精神是特别重要的创造性人格特质。坚持，看似简单，做起来却不容易。据说，被称为西方的孔子的苏格拉底在一次上课时布置了一道作业，让他的弟子们做一件事——每天把手甩一百下。一个星期后，他问有多少人现在还坚持做，答案是百分之九十的弟子都在坚持。一个月后，他又问起谁还在坚持，答案是只有一半的弟子在做。一年后，苏格拉底再次问谁还在坚持，答案是只剩一个弟子在坚持，那个人就是柏拉图。柏拉图和老师苏格拉底、学生亚里士多德被并称为"古希腊三大先贤"。

人们的坚持精神在遇到困难甚至灾难时，方能更好地被激发出来。

1665 年，22 岁的牛顿正在剑桥大学三一学院读书。一场突如其来的大瘟疫席卷了英国，夺走了 8 万人的性命，相当于伦敦五分之一的人口。疫情下，有人沉浸在恐慌中无法自拔，有人抱着不知能活到哪天的想法荒废学业，而牛顿却在这样的环境中创造出举世瞩目的成就，成为一个时代的传奇。

当时，牛顿离开剑桥大学，回到了家乡——英国北部林肯郡的偏僻农村去"自我隔离"，躲避瘟疫。就在大多数人沉浸在恐慌、焦虑中时，牛顿却全身心地投入学术研究。在那场历经一年半的瘟疫中，牛顿创立了二项式定理，发明了微积分，发明了反射式望远镜，发现了日光的七色光谱，确立了牛顿第一定律、牛顿第二定律，特别是万有引力的基本思想，一举奠定了经典物理学的基础。后来，1666 年被称为科学史上的"奇迹年"。

牛顿曾说："如果说我比别人看得更远些，那是因为我站在了巨人的肩膀上。"疫情中，牛顿在家乡的苹果树下观察苹果落地而"顿悟"出万有引力的故事早已脍炙人口。牛顿的成就可以说是集前人之大成，他在亚里士多德、开普勒、伽利略、惠更斯等科学巨人的工作基础上，向人类重新描绘了宇宙的整个图景。牛顿在他的科学巨著《自然哲学的数学原理》中除了阐述"牛顿三大定律"，还用他发明的微积分方法证明了地球上让苹果落地的力和天体运行的力实际上是同一种力。他第一次将"天上人间"的力统一起来，并命名为"引力"，揭示了经典力学中最伟大的发现——万有引力定律。

牛顿的好友、英国天文学家哈雷根据 1531 年、1607 年、1682 年历史上记载过分别有彗星出现，发现它们出现的时间都正好相差 75 年或 76 年。他大胆猜想，这三颗彗星很可能是同一颗彗星！然而，他无法用数学证明。于是，他找到牛顿。作为一个发明了微积分的天才数学家，牛顿计算出了彗星的运行轨道，从理论上证明了它们是同一颗彗星。哈雷根据牛顿的万有引力定律，在 1705 年预言，这颗彗星将于 1758 年再次回归。如果 53 年后，那颗彗星真的回来了，那么牛顿的理论将会被完全证实。哈雷，一个人间的凡人，竟然能像上帝那样发出指令，让天上的星辰在 53 年后按照他的预测行事，这也太励志了！

时间终于到了 1758 年圣诞节的夜晚，一个"追星族"、业余天文学家帕利奇在德国成为第一个观测到哈雷彗星回归的人。科学史学者吴以义写道："当哈雷彗星在 1758—1759 年冬天寒冷的夜空中缓缓移动、俯瞰这个世界的时候，世界感受到的不是惊讶，而是一种深刻的庄严。"而预言这颗彗星像巡回大使一样访问地球的哈雷先生已经长眠地下 16 年了。科学家的生命是有限的，但他们对科学的贡献却永世长存。那颗日后当之无愧地被以哈雷命名的彗星，经历一个又一个 76 年的太空漂泊，于 1835 年、1910 年、1986 年又如约而至，下一次将是 2061 年。1985 年，美国科学促进协会联合美国科学院、联邦教育部等机构，启动了一项面向 21 世纪、致力于改革美国科学、数学与科技教育的长期研究计划。因当年恰逢哈雷彗星临近地球，为了使美国当时的儿童——21 世纪的主人，能适应 2061 年彗星再次光临地球的那个时期科学技术和社会生活的急剧变化，将这项研究计划命名为"2061 计划"。这便是美国倡导 STEM 教育（science、technology、engineering、mathematics）的起源。

回归的彗星宣告了人类理性的至高无上。科学巨匠牛顿发现的理论被确凿无疑地证实了。对人类而言，世界再也不是无法掌握的神秘天地。正是依靠理性和智慧，人类才在这个广袤的宇宙中获得了尊严和力量。

优选性

优选性是我依据中华优秀传统文化的中庸智慧提出的具有鲜明中国文化特色的创造性特征。优选性不仅是创造性思维的特征，还是创造性人格的特征。优选思维是问题解决过程中寻找最佳方案的决策思维和操作性思维技能，而优选人格则是在问题解决过程中力图找到最优解决方案的动机、情感和意志特征，凡事总想着"既要…又要…"，力求找到最佳解决方案，是一种价值取向、人格特质和生活态度，具有定向、引导、维持、调节、强化等动力作用。接下来以两则寓言故事说明创造性人格的优选性特征。

爷孙抬驴

从前，有对爷孙牵了一头驴进城。走了没多远，碰到一个骑驴的过路人，这人指着他们爷孙俩讥讽："这爷孙俩都够傻的，有驴不骑，宁愿走路，要驴干什么？"爷爷听了有道理，就让孙子骑上去，自己跟着走。

没走多远，一位路过的读书人又说："这个当孙子的真不孝顺，长幼不分，爷爷年纪大了，不让爷爷骑驴，自己却骑着驴，让爷爷跟着小跑，不像话！"孙子一听此言，心中惭愧，连忙让爷爷骑上驴，自己下来牵着驴走。

没走多久，一位拜佛的老婆婆看见了，着急地说："这个当爷爷的真狠心，自己骑驴，却让孙子走。"爷爷一听这话，也让孙子上了驴背，于是，爷孙二人共同骑驴往前走。

走了不远，一个庄稼人见了，生气地说："这爷孙俩的心真够狠的，哪有庄稼人不爱惜牲口的，那么一头瘦驴，怎么能禁得住两个人的重量呢？可怜的驴呀！"

爷孙二人一听，这也不是，那也不是，到底怎样才好呢？最后，那爷孙俩向旁人要了一条大绳与一根长棍，将驴的四只脚绑上，两人抬着驴进城去了。

驴摔下山崖

爷孙俩正走着，突然，驴挣脱了绳索狂奔了起来！爷孙俩慌忙喊道："别跑！前面是悬崖！"驴心想："准是在吓唬我。"它继续往前跑。路边干活的庄稼人看到了，大声喊道："悬崖，别跑啦！"驴忍不住叫了一声："瞎说，骗人的！"它越跑越快。这时，那位读书人看到了，急切地叫道："悬崖，前面是悬崖！"驴从鼻子里"哼"了一声："我不信！"正当它在心里嘲笑这些人的时候，突然，一脚踩空，从悬崖上仰面朝天摔了下去。"真的是悬崖啊！"驴后悔极了。可是，谁让它不听劝告呢。

《爷孙抬驴》和《驴摔下山崖》这两则小故事构成了一个完整的哲学故事。

《爷孙抬驴》这个寓言故事告诉我们：遇事一定要有主见，不能人云亦云，否则结局就变成了可笑的"爷孙抬驴"。其实，每个人看问题的角度不同，得出的结论也会不同。在遇到两难或多难问题时，当事人要独立地做出决策。然而如何做出恰当的决策，不仅考验人的智慧，更加彰显人的价值取向、人格特质和生活态度。我们倡导凡事应致力于做到"既要……又要……还要……"，"鱼和熊掌兼得"，力求找到问题相关方利益能最大化的最佳解决方案。这便是体现中华优秀传统文化的优选性人格特质。例如，《爷孙抬驴》中可以采取轮流骑驴的方法，老的要尊，幼的要爱，驴也要休息，尽量协调各方利益，做到公平化。而不是我行我素，钻牛角尖，或者简单地回应：走自己的路，让别人去说吧！

《驴摔下山崖》这则故事说明有主见固然可贵，但也不能固执己见。

对于幼儿来说，由于缺乏足够的生活经验，更应该注意听取老师和家长的意见。如果不顾事实，一味强调主见，一意孤行，结果就会像摔下悬崖的驴一样，后果不堪设想。

因此，优选性就是要求人们力求做到"既要……又要……"，拥有"鱼和熊掌兼得"的思维方式和处事方式。"既要有主见，又要不固执己见！"这也是我们精心编撰的这一组故事背后蕴含的深刻的哲学道理。

创造力可以测量

就像智力可以通过智商测验进行测量一样，创造力也可以进行测量。当然，专业的标准化的创造力测验需要训练有素的专业人员根据标准化的测量工具来进行。

为了建立中国儿童创新素养的大数据库，并在创新教育实践中有效应用，我们研发了中国儿童创造力测评指导系统，包括《新编儿童创造性思维测验》和《儿童创造性人格倾向测验》两个量表。其中，《新编儿童创造性思维测验》选用了国际上公认的托兰斯创造性思维测试（TTCT）的部分项目和我编制的最优问题解决测试（OPST），既能和托兰斯的测验保持一致，测量儿童思维的流畅性、灵活性、独特性、精密性等发散性、创造性思维特性，便于国际比较，又增加了体现中华优秀传统文化中庸智慧的优选性思维特征的测量，具有中国特色。

创造性思维测验的具体内容属于科学保密材料，不能在这里一一列举。

关于儿童创造性人格测验，美国创造力之父吉尔福特首先提出了创造性人格的概念，认为具有创造性的个体的人格特征主要表现在8个方面。

（1）高度的自觉性和独立性。

（2）有旺盛的求知欲。

（3）有强烈的好奇心。

（4）知识面广，善于观察。

（5）工作讲究条理、准确性和严格性。

（6）有丰富的想象、敏锐的直觉，喜欢抽象思维，对智力活动和游戏有广泛的兴趣。

（7）富有幽默感，表现出卓越的文艺天赋。

（8）意志坚定，能够排除外界干扰，长时间地专注于某个感兴趣的问题。

需要指出的是，创造力的跨文化研究发现，个体的创造力与集体主义、个人主义密切相关。国外一些人格特质的研究都是基于西方个人主义社会得出的，可能并不适合评估我国儿童。厘清我国儿童的创造性人格结构是对他们进行培养的前提。我国自古以来崇尚儒家文化的中庸智慧，推崇"鱼与熊掌兼得"，和谐地处理相互的关系。在这样的文化环境下，儿童的创造性人格会呈现不同于西方的一些特点。

为了在中国传统文化背景下探究中国儿童的创造性人格，2018—2019 年，我们探究了中国儿童的创造性人格结构，总结了得到公认的创造性人格特质，同时从传统文化的角度提出了优选性特质。

根据对 1970 年以来主要的创造性人格文献中提到的人格结构进行词频分析发现，好奇心、想象力、独立性、坚持性、敢为性是大部分研究者都会提及的维度。创造性人格特质理论认为创造性人格包括认知特质、动机特质和社会特质。儿童创造性人格结构中的想象力维度属于认知特质；好奇心和坚持性分别在创造行为的发起和维持过程中起作用，属于动机特质；独立性和敢为性则涉及面对群体时的创造行为，属于社会特质。但是想象力只是对已有经验的思维联想和加工能力，在发起创造行为之前还需要进行决策。从中国文化的角度来看，"优选性"，即面对问题情境时能够兼顾各种情况，选择最佳解决方案的人格倾向，是最能够定义这一决策能力的特质。优选性是我们新定义的基于中华优秀传统文化中庸智慧的人格特质之一。因此，我们将儿童的创造性人格定义为想象力、优选性、好奇心、坚持性、独立性和敢为性。

我们通过梳理文献总结了得到公认的儿童创造性人格特质，同时从中国传统文化的角度提出基于中庸智慧的"优选性"人格特质。经过指标采集、专家效度验证，并选取我国发达地区、中等发达地区和欠发达地区 18 所幼儿园小、中、大班的 458 名教师和 4546 名家长为研究对象，采用探索性因素分析和验证性因素分析的方法，最终得到了具有中国文化特色的《儿童创造性人格倾向量表》及其常模。研究结果发现，我国儿童的创造性人格特质为好奇心、想象力、优选性、敢为性和坚持性五个方面。

好奇心。个体对未知事物产生的新鲜感和探索欲望。

想象力。个体对已有经验的思维联想和加工能力。

优选性。个体面对问题情境时，兼顾各种情况，选择最佳解决方案的人格倾向。

敢为性。独立思考、有主见、敢于尝试、敢于挑战，面对不同观点敢于质疑，并能说出和别人不同的想法。

坚持性。个体在思考或做事情的过程中专注认真、不畏惧困难、有始有终。

附：

儿童创造力发展测评指导报告

陈××，女，2013 年 11 月 18 日出生。测评日期：2020 年 1 月 15 日。

测评结果综述：

本次测试结果仅代表您孩子目前的创造力发展水平与特点。儿童最大的特点就是要发展，其发展的方向、速度和水平在很大程度上取决于您为孩子创造的教育微环境，把握孩子创造力培养的敏感期就是把握孩子的未来！本次创造力测试的结果如下。

第一部分　儿童创造性思维

心理学家经常用百分等级表示某一个体在其群体中所处的地位，如百分等级为80，代表其成绩高于群体中80%的人。您孩子的创造性思维特点在群体中的百分等级如图2-10所示，相对应的发展水平与特点评价如表2-1所示。

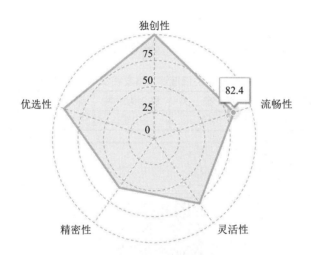

图2-10　陈××创造性思维发展水平百分等级报告

表2-1　陈××的创造性思维发展水平评估

特征	独创性	流畅性	灵活性	精密性	优选性	总评
评估	优秀	良好	良好	中等	优秀	良好

第二部分　儿童创造性人格

您孩子的创造性人格特点在群体中的百分等级如图2-11所示，相对应的发展水平与特点评价如表2-2所示。

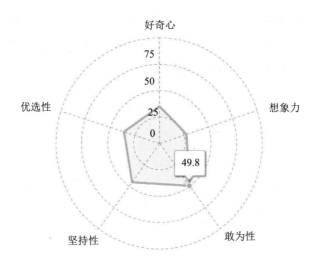

图 2-11　陈 × × 创造性人格发展水平百分等级报告

表 2-2　陈 × × 的创造性人格发展水平与特点评价

特　征	好 奇 心	想 象 力	敢 为 性	坚 持 性	优 选 性
评估	中等	中等	中等	中等	中等

测一测你和孩子的创造力。

扫描二维码，进入创造力测试

　　建议你在读完这本书，特别是和孩子一起完成第五章连续七周的操作性学习内容后，再进行一次测试，比较一下，看看你和孩子的创造力水平和特点有什么变化。

　　以上有关创造力的自我测评仅供读者参考。

通过有资格的专业人员实施的创造力测验，我们可以更加准确地了解儿童创造力发展的水平和特点，并且能够给出专业的、个别化的咨询和建议。然而，测评的结果仅仅代表当前孩子创造力发展的水平和特点。创造力是可以培养和提高的，因为儿童最大的特点就是发展，但发展的方向、速度和水平取决于我们给孩子创造的发展的微环境的质量。

第三章
巧思法入门

一部科学史，就是一部不断发现新现象、创造新方法、揭示新规律和确立新理论的历史。

最重要的知识，其实是关于方法论的知识；最重要的能力，是运用别人从来没有用过的方法，取得突破性原创成果的能力。

只有源于中华优秀传统文化的中国特色创新教育理论，才能造福儿童、走向世界，为全球化的教育创新提供中国智慧和中国方案。

——程淮

巧思法：创造性最优问题解决方法论

巧思法的由来

千百年来，人们一直以为发明创造是少数天才人物的专利。人们认为发明创造是这些人对世间万事万物探索发现和发明的灵光一现，是只可意会不可言传的高级心理活动。古往今来，无数探索者都试图揭开创造发明的秘密。许多卓越的科学家和发明家都试图发展创造力的理论和方法，以期为后人指明方向。令人沮丧的是，人们所有的努力收效甚微。"试错法"仍然是最重要的方法。就连"世界发明大王"爱迪生也是试用了 6000 多种材料、试验了 7000 多次才成功发明了电灯。这也验证了他的一句名言：天才就是 99% 的汗水加上 1% 的灵感。因此，人们普遍认为，学习如何进行发明创造几乎是不可能的，人们仍然在黑暗中"摸着石头过河"……

在科学教育领域，还有什么比教导人们如何有效思考、如何发挥创造潜能、如何成为一个创造性的问题解决者、如何成为创意发明家甚至成为"天才"更有价值呢？创造如何创造的路径、发明如何发明的方法将是最有价值的创新。

著名科学家王大珩、刘东升、叶笃正等院士认为，我国之所以缺少原创性的重大科技突破，很大程度上是由于没有重视创新方法的研究和应用，因而提出了"自主创新，方法先行"的科学主张。

多年的儿童创新教育研究与实践促使我们不得不面对这样一个事实：人类知识的生产呈爆炸性增长的态势，知识总量越来越多，技术越来越复杂，几乎每一个领域的小小分支都可能耗尽一个人的毕生精力。比如，在医学界，我们很少称呼一个医生为内科专家或外科专家，而是称呼其为糖尿病专家或者肝胆外科专家。现在的孩子将来要成为某个领域的专家所需要花费的时间，或者说创造性人才的成才周期越来越长。人们普遍认为，多数人的创造能力很早就开始衰退。等到他成才时，可能他最富有创造力的年华已经逝去。因此，我们需要一场真正的关于学习的革命！我常常思考，我们能不能运用"直接法"，将人类真实的创新创造的方法加以提炼并简化成儿童可以学习掌握的基本方法，让儿童"站在巨人的肩膀上"，直接学习这些方法，尝试学会解决"真问题"，使这些方法成为儿童毕生受用的创造性的问题解决方法论？我们能不能秉承中华优秀传统文化中的经典智慧，吸纳西方科学培养创新人才的方法精华，探索建立具有中国文化特色的创新教育方法论？只有在创新的源头即方法论上突破创新人才培养的瓶颈，才能让更多的孩子成为创新人才，迎来创新人才辈出的新时代！

　　创新方法的科学探索最初是由英国哲学家和科学家培根与法国哲学家和科学家笛卡尔倡导并逐渐发展的。培根在 1620 年出版的《新工具论》一书中主要运用归纳法建立了自己的科学方法体系。笛卡尔在他的专著《方法论》（1637）中阐述了应用演绎与推理的方法解决问题。华莱士（Wallas，1926）在他著名的《思想的艺术》中总结了创造过程的四个阶段：准备阶段、酝酿阶段、豁朗（顿悟）阶段、验证阶段，以期得出创造性结果。苏联发明家根里奇·阿齐舒勒（G S Altshuller）在研究了世界各国 250 万份高水平专利的基础上，于 1946 年提出了一套具有完整体系的发明问题解决理论——TRIZ（theory of the solution of inventive problems）。TRIZ 是目前世界上应用广泛的技术发明创新方法，被欧美专家称为"超级发明术"。物理化学的创始人、诺贝尔化学奖获得者威廉·奥斯特瓦尔德（Wilhelm Ostwald）认为，创新方法是可以学习的。他希望将发明这一艺术作为一种进步，就像营养、阅读与写作一样，成为人们日常物质与精神生活的一部分，如果人们遵循一定的原理，就可以像爱迪生一样进行发明。

在实施"创新驱动发展战略"、建设创新型国家、实现人才强国战略的过程中，培养儿童、青少年创造力的必要性和紧迫性，已成为全社会的共识；但如何培养儿童受用终身的创造力？我们究竟能在多大程度上开发儿童的创造潜能？发展儿童的创造力究竟有没有方法可依、有没有规律可循？能不能既基于优秀传统文化，又借鉴国际上的创新方法理论，发明一种入门级的结构化的有效方法和课程，使创新能力成为普通孩子可以学习并掌握的一种能力，激发儿童本来就拥有的创造潜能，为其一生的幸福奠定基础？只有既源于优秀传统文化又与世界联结的中国特色创新教育方法论，才能造福儿童、走向世界，为全球化的创新教育浪潮提供中国智慧和中国方案。这便是巧思法需要回答的问题。

实际上，很多研究者认为，认知发展处在皮亚杰所定义的"前运算阶段"的幼儿，难以为复杂和定义不清的问题制订创造性的解决方案。但是，美国创造心理学家托兰斯（Torrance，1972）分析并总结了 133 项研究，发现具有以下特征的学习项目更可能成功地培养儿童的创造性：① 强调运用奥斯本—帕内思"头脑风暴"训练的项目；② 具有严谨方法的项目；③ 将创意艺术品等工具作为桥梁训练儿童创造性的项目；④ 有媒体视频做指引的项目；等等。同时，托兰斯也强调，成功的学习训练项目通常包含认知和情感功能，能提供给儿童激励与促进的情境，让儿童产生足够的动机，并有机会参与和老师及伙伴们的互动。而且有充分的结构和有意识地揭示规律的项目能更好地促进儿童的创造性思维发展。有研究发现，在结构恰当的情况下，让幼儿关注两个问题之间的结构相似性，2 ～ 3 岁的儿童也能够运用推理规则并在问题情境中进行类比联想迁移，这是创造性问题解决的基本机制（Crisafi & Brown，1986）。研究者还发现，接受创造力训练的儿童比没有接受创造力训练的对照组儿童能够多解决 14% ～ 24% 的问题（Ansburg & Dominowski，2000）。因此，我们认为，可以通过精心设计的以方法为基础的结构化的学习活动培养幼儿的创造力，特别是创造性地解决问题的能力。

巧思法的核心概念

巧思法是创造性最优问题解决方法论，是创造性问题解决的"元操作法则"，即问题解决的底层逻辑或基本的方法规则，体现了问题解决的本质规律，是中国特色创新方法论。

"巧思"（QEOSA，见图3-1）课程是根据中华传统文化的中庸智慧和儿童身心发展的特点，在借鉴国际上问题解决理论、总结我们以往多年来培养儿童创造力实践经验的基础上独立开发的，旨在让儿童学会运用巧思法创造性地解决问题。

图 3-1　巧思法"QEOSA"标识

按照课程内容是预先设计好的需要解决的问题，还是儿童从自己的学习和生活中自行提出的需要解决的问题，巧思课程模式可以分为预成课程和生成课程。预成课程的目标是让儿童学习并掌握巧思法，共有96个需要解决的问题（主题），分为"创客启蒙游戏"（初级）、"头脑风暴游戏"（中级）和"优选思维游戏"（高级）阶梯式课程；而生成课程则是让儿童学习运用巧思法解决现实生活中的问题，培养孩子自主探索、创造性地解决问题的能力。"预成"是基础，"生成"是结果。在教育实践中，对于每一个需要不断探究并解决的问题而言，"预成"和"生成"是可以相互转化并统一的，是没有止境的。每一个"预成"的案例都是前人"生成"的结果，而探究已有"预成"案例新的创造性的解决办法，则会迭代"生成"新的案例，又成为后人的"预成"结果。这正是人类创造性的魅力所在。

解密巧思法：一图了解巧思法

作为一种结构化的创造性最优问题解决方法论与课程资源，巧思法课程的实施主要分五个阶段：问题—探索—优化—展示—行动（question—explore—optimize—show—act），七个过程：问题库—情感窗—经验桥—优选解—作品集—创意库—行动链（question bank— emotion window—experience in bridge—optimized solution— portfolios—think-tanks—act chain），其相互关系如图 3-2 所示。

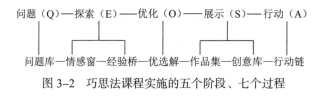

图 3-2　巧思法课程实施的五个阶段、七个过程

下面我们就以《多功能语音报时药盒：化解爷爷吃药的烦恼》为例，帮助大家理解巧思法的五个阶段和七个过程。

第一阶段：问题（Q）

该阶段引导幼儿站在爷爷的角度体验其中的两难情境，发现两难问题的矛盾所在。

重阳节时，让孩子们想一想自己能为爷爷奶奶做点什么。在"每周一问"活动中，一位名叫"点点"的小朋友的问题是："我爷爷有许多病，需要吃许多药，但是总是忘记吃药，或者吃药时记不住这一顿到底该吃哪几种药。我该怎样帮助爷爷？"在小朋友提出的众多问题中，大家通过投票，同意选取点点的问题作为大家一起想办法要解决的问题（选择源于生活的既有趣又有价值的问题，建立"问题库"），这一问题的解决，不仅能帮助点点的爷爷，还能帮助更多老人。

接下来，老师就和孩子们具体分析点点遇到的问题。大家进一步明确点点要解决的问题：爷爷总是忘记吃药怎么办？鼓励孩子们站在爷爷的角度体验"爷爷的烦恼"，发现爷爷的两难情境：① 爷爷选择让家人提醒自己吃药，虽然能按时吃药，但会麻烦家人；② 爷爷选择自己想着吃药，虽然不会麻烦家人，但常常会忘记，耽误病情。老师与孩子们一起讨论，引导儿童清晰地说出爷爷的两个选择，明确令爷爷发愁的两难问题。

第二阶段：探索（E）

激发问题解决动机。应用"情感窗"技术，向小朋友们讲述爷爷由于不想麻烦家人提醒他吃药，有一次因为没有按时吃药，在公园里晕倒被救护车送到医院的故事。看到爷爷由此遭受病痛，孩子们内心的情感被激发，产生了想要帮助爷爷解决问题的强烈动机。

于是，问题来了：爷爷为什么要按时、按量吃药？

搭建问题解决的"经验桥"：作为问题解决的"经验桥"之一，孩子们需要一些知识准备。

（1）对症吃药。人们在生病的时候需要吃药。不同的疾病需要服用不同功效的药品，比如有止痛药、退烧药、消炎药。

（2）按时吃药。要按时吃药才能治好病；有的药一天要吃几次才能起作用，有的药一天只能吃一次。

（3）按量吃药。要根据医生的建议服用适量的药物，服用过少起不到效果，服用过多可能对身体造成伤害。

（4）给药方法。有的药需要在饭前服用，有的药需要在饭后服用。饭前服用是为了让药物尽快被身体吸收，而饭后服用是为了减少药物对胃肠的刺激。

鼓励孩子进行矛盾分析，寻找最佳解决方案。

怎样才能解决爷爷按时按量吃药的两难问题呢？我们鼓励幼儿进行矛盾分析，找到解决两难问题的最佳解决方案。

爷爷吃药的烦恼：体弱多病，需要吃许多药，但常常忘记吃药。

爷爷有两种选择：一是选择让家人提醒吃药，它的优点是会按时吃药，缺点是会麻烦家人；二是选择自己吃药，它的优点是不麻烦家人，缺点是有时会忘记吃药，耽误病情。让爷爷纠结的问题是：要不要家里人提醒自己吃药。

爷爷吃药两难问题的矛盾分析见图3-3。

图3-3　关于"爷爷吃药"的两难问题的矛盾分析

最佳解决方案是把两个优点结合在一起：既能按时吃药，又不麻烦家人。在探索过程中，要让孩子自主发现"既要……又要……""鱼与熊掌可以兼得"的"优选解"的方向。

第三阶段：优化（O）

怎样设计出能够满足"既能按时吃药，又不麻烦家人"这一"优选解"的具体方案呢？

于是，老师带领儿童瞄准如何满足这一目标进行学习。

头脑风暴游戏"三部曲"如下。

（1）直接头脑风暴。第一轮，请幼儿积极表达各种创意，只要能够满足这一优选解的方案，越多、差别越大越好。

（2）质疑头脑风暴。第二轮，质疑小朋友已有的解决方案，以便互相交流完善。

（3）优化头脑风暴。依据优选解，对自己的解决方案进行进一步的优化，包括请儿童思考自己的方法都需要什么材料，将他们有代表性的创意和想法进行梳理、提炼和优化。

为了促使儿童真正解决问题，教师需要为儿童搭建问题解决的"经验桥"——在儿童活动区事先投放各种探索材料（见图3-4），请儿童尝试按优选解的要求设计方案。

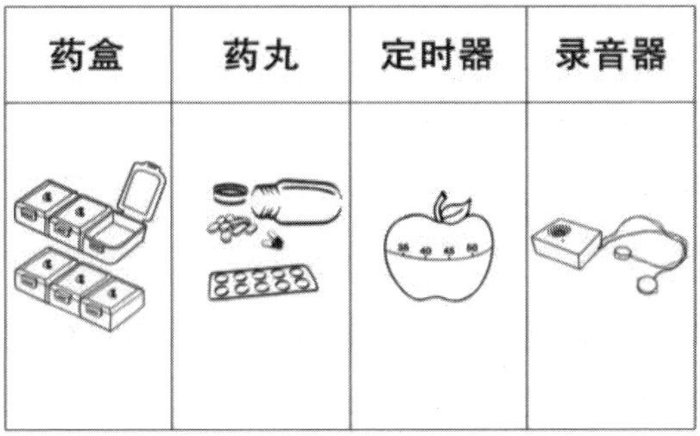

药盒	药丸	定时器	录音器

图 3-4 各种探索材料

（1）制作生活中常见的药丸（彩泥制作）。

（2）根据药品功能及药盒特点进行分类分装。

（3）组装药盒：探索让药盒组装在一起的办法。

（4）动手探索解决优选解中"按时吃药"的实际问题，找到提醒吃药的工具——探索定时器（闹钟）功能并操作定时器。

（5）探索解决优选解中"不用人提醒"的问题，探索录音机芯的功能及使用方法，将告诉爷爷如何吃药的话录制下来。

在质疑及优化头脑风暴游戏中，有的幼儿提出，虽然在家里有闹钟提醒爷爷吃药，但是，如果闹钟响了，爷爷找不到药怎么办呢？如果爷爷外出时需要吃药怎么办呢？怎样才能让爷爷吃药更方便呢？

"经验桥"的"原型"启发

以前大家到外面玩，照相时要用照相机，录像时要用录像机，可能还要找地址、查地图、打电话等，很不方便。有什么方法能让它变得方便呢？人们是否已经发明出一种最常用的工具，能照相，能录像，还能找地址、查地图、打电话呢？是的，手机（就像鲁班受到锯齿状小草割破手的启发进而发明锯子一样）！把有不同功能的零件组合到一起形成一个新的功能来满足人们的需求，这是一种"巧思魔法"（创新技法）。我们可以给这种魔法起一个名字——"组合法"。组合法可以让我们的生活和学习变得更加方便。怎样运用组合法这个创新技法解决爷爷吃药的问题，优化小朋友的创意方案呢？

在老师的鼓励和支持下，孩子们尝试运用组合法将药盒、定时器、录音机芯组合在一起制作成一种"语音提醒药盒"。有两位小朋友合作解决爷爷吃药问题，他们的方案是：发明一种"多功能药盒"，把一周要吃的药事先放在药盒里，只要一到吃药的时间，药盒就会播放"点点"小朋友提醒爷爷吃药的声音："爷爷，该吃药啦！"同时，药盒还会播放带闪光的音乐，像救护车的闪光灯。爷爷听到或看到后，只要一按闪光灯，音乐就不响了，同时药盒弹出这一顿要吃的药。

第四阶段：展示（S）

围绕"既能按时吃药，又不麻烦家人"这个优选解，儿童尝试用不同的方式展示自己的探索方案，如画出自己的想法，用泥工做出自己的药盒，自己装扮成"爱心超人"拥有多种照顾家人的本领，用七巧板进行创意展示，等等。有的儿童用七巧板拼出了"喂药机器人"，头部有按钮，手臂可以喂药；有的儿童建造了"智能护理房屋"，可以照顾老人的一日生活，提示老人用药时间、用药剂量，机器手臂还可以给老人喂药；有的儿童用纸杯和玩具做出了"智能喂药水杯"，时间到了就会发出声响，自动把底部的药旋转出来，提示爷爷吃药；有的儿童制作了"自动关爱手环"，只要到了该吃药的时间，手环和药盒就会同时响起音乐和铃声……

当儿童用各种材料进行无限的自由组合时，也暗含着组合法的运用，如"智能喂药水杯"是水杯和药盒的组合;"喂药机器人"是机器人、闹钟和药盒的组合;"自动关爱手环"是智能手环和药盒的组合;等等。因此,与"聚合思维"不同,运用"优选思维"解决问题,力求得到的是最优但不一定是唯一的解决方案。最优解决方案的标准是能够满足"优选解",使问题相关方的利益最大化。

第五阶段:行动(A)

通过调研和家园共育活动,查询当今的药盒种类,利用生活中的材料制作一个能解决点点爷爷吃药问题的多功能药盒。

儿童在教师和家长的帮助下,去市场上调查当前生产的药盒具有什么功能,上网查阅资料,了解设计图中的药盒是否已经生产出来。之后,通过寻找多种材料,尝试做自己的多功能药盒,并在制作过程中调整自己的设计。最终,儿童利用生活中的相关材料制作一个多功能药盒的模型。

该语音提醒药盒已获得国家专利,也在第十届国际发明展览会上获得了金奖。

巧思板让两难问题变得简单

进退两难的窘境的英文 dilemma 一词来源于古希腊语:一个问题有两种截然不同的解决方案,并且两种解决方案没有绝对的正确或错误可言。两难难在两个选择都有各自合理又混沌、正确又错误、有利又有弊的地方。中国有句谚语:"做天难做二月天,蚕要暖和参要寒。"隐喻的是实际生活中的各种纠结,也就是让人左右为难的问题。

两难问题可能是最劣构和不可预测的,因为常常找不到一种让大多数人都能接受的解决办法。能否解决两难问题,体现了问题解决的最高境界。解决这类问题的价值观和思维导向需要突破僵化的"单向思维"模式和非此即彼、我赢你输的"零和博弈"式的二元思维,要应用中国儒家"中庸之道"的价值观和思维观，在冲突中平衡各方利益，找到问题的最佳解决方案，使所有相关者的利益最大化。循着这样的思路，我们解决两难问题就有了一个好的思维方法，看问题就会更加辩证，办事情就不会走极端。

我依据中庸智慧提出了不同于吉尔福德的发散性思维方法的另一种创造性思维范式——优选思维：在解决两难或者多难问题的过程中，选择最优但不一定是唯一解决方案的创造性思维。其思维方法导向是"既要……又要……""鱼和熊掌可以兼得"。这也是解决问题的科学方法或前置条件，即所有解决方案都要围绕一个最优（双赢）的目标——"优选解"，"先瞄准，后开枪"，以便成功解决问题。

如何让幼儿也学会用优选思维解决两难问题呢？

解决两难问题一般有两种可能的选择，但无论选择哪一种，都有利有弊。无论你选择其中的哪种方案，都会失去另一种方案所能提供的便利。

优选思维则将两种选择中的优点"合二为一"。如爷爷吃药的最佳解决方案：既能按时吃药，又不麻烦家人。沿着这一研究思路，儿童发明了"多功能语音提醒药盒"，"解决"了爷爷的烦恼。

显然，优选思维是较复杂的思维活动过程。如何让儿童较容易地学习运用优选思维解决两难问题呢？能否借助一种有可视化、可操作化特点的工具让儿童容易理解并学习掌握这种高级思维活动呢？我发明了一种专门用来进行优选思维、解决两难问题的巧思板（Q-Pad），如图 3-5 所示。巧思板的上方有两个"选择卡"，代表解决问题的两种选择。每一种选择都有优点和缺点，为了便于儿童理解，优点用"笑脸"表示，缺点用"哭脸"表示。两张选择卡、两张优点卡和两张缺点卡，都用"情景卡"表示，优点卡和缺点卡分别摆在笑脸和哭脸的下方。儿童需要学习用"一分为二"的方法，对每一种选择进行优缺点分析；而解决两难问题的"优选解"就是将两个笑脸（优点卡）"合二为一"："笑脸＋笑脸＝

优选解"，而两个缺点卡则会放进右下角的垃圾桶里。巧思板的这种设计也符合处于以形象思维为主的幼儿阶段的特点。

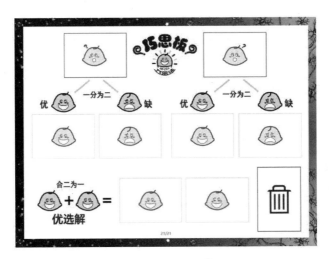

图 3-5　巧思板 [①]

巧思板是幼儿解决两难问题、养成优选思维习惯的重要工具。其"一分为二"与"合二为一"的图示框架，蕴藏着西方的分析思维与东方的整合思维。一块小小的巧思板融合了东西方的文化特征，凝聚了东西方的智慧。儿童在学习生活中遇到两难问题时，巧思板可以帮助儿童分析两难问题，使他们更好地理解两难情境，并利用儿童的生活经验对两难问题中的矛盾进行分析，找出每个选择的优点和缺点，理解和学习"选择优点，删除缺点"的"优选解"，通过巧思板明确理解或习得优选解，紧紧围绕优选解进行问题解决的方案设计，先确定方向，再设计方案，学习"尝试—成功"的方式，以达到问题解决最优化。

巧思板作为一种结构化的"问题解决板"（question solving pad），是一种提供元认知的物化的思维导图，是帮助儿童建构优选思维模式的一种有操作性的、可视化的、易掌握的工具，其使儿童对自己的思维和推

---

① 国家专利号：ZL 2018 2 1122288.X。

理过程清晰可见，使儿童学习优选思维这种深奥的思维理论进而创造性地解决问题变成了可能（见图3-6）。

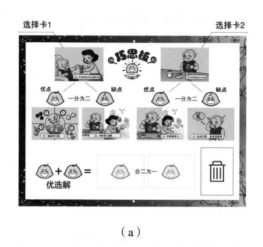

（a）

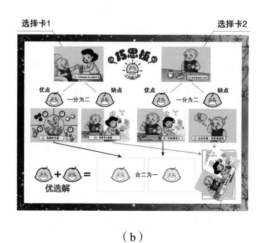

（b）

注：（a）显示了实现最优解的前置条件，（b）显示了将实现的最优解

图3-6 巧思板用于解决"爷爷的烦恼"

在问题解决的早期探索阶段引入巧思板是巧思法与传统培养儿童创

造力方法的重要区别。巧思法在头脑风暴之前强加了一个结构（前置条件为最优双赢解决方案）。在问题解决的初始阶段就将问题结构化，尽早形成一种评估（或批判性）的立场，以获得更精准的优化的解决方案，注重提高问题解决的质量，而不是盲目地"头脑风暴"出多种解决方案。研究表明，识别和满足与目标相关的优选项（既要……又要……）是问题解决的核心。创造性的解决方案有时依赖于满足优优选择的组合，而有时候又依赖于识别或设置新的优选组合。巧思法在两难问题困境中所提倡的最优问题解决包括识别和满足多个优选条件，从而创造出双赢的局面，以提高创造性地解决问题的能力。

享誉世界的日内瓦学派心理学家皮亚杰创立的经典的发生认识论认为，儿童的智力发展分为四个阶段：感知运动阶段、前运算阶段、具体运算阶段和形式运算阶段。皮亚杰认为，处于前运算阶段的2～7岁儿童在形成逻辑思维方面是较弱的。然而，如果我们创造出适合儿童的一种结构化的方法及工具，如巧思板，就会改善或促进儿童的逻辑思维，让儿童学会优选思维这种更为复杂的思维模式，这可能会对皮亚杰的认知发展阶段理论的某些具体结论进行适当修正。

基于中庸智慧的优选思维是问题解决的最高境界

优选思维的东方哲学基础可以追溯到古代的中庸思想。例如，《孟子·尽心上》第35章，桃应问曰："舜为天子，皋陶为士，瞽瞍杀人，则如之何？"孟子曰："执之而已矣。""然则舜不禁与？"曰："夫舜恶得而禁之？夫有所受之也。""然则舜如之何？"曰："舜视弃天下犹弃敝蹝也。窃负而逃，遵海滨而处，终身䜣然，乐而忘天下。"

在法与情的难题上，如果舜选择大义灭亲，维护了法律的公正，那就等于对自己的父亲不孝；而如果选择了对父亲网开一面，就破坏了法律的公正性。天子犯法不与庶民同罪，社会将出现不和谐因素。

孟子的回答是：按法执行，然后自己带着不慈的父亲到偏远的滨海小村中终老一生，既维护了法律的权威，又尽了孝道。

可见，优选思维在古代的中庸思想中就有很好的体现，可以说古代的中庸思想是优选思维的渊源。

优选思维与西方的创造性思维不同。美国学者沃尔森认为，创造性思维是用同一种思维克服两个困难，两重困难有主次之分，在整个过程中实现1+1>2的效果。而我在中国儿童创造性思维的培养方面，问题的提出全都来自于儿童的日常生活，最终达到通过创造性思维解决日常生活的问题，有效服务于日常生活。整个过程是一个闭合环，是一种完整的创造性思维，能很好地解决两难或多难问题，而这些问题用西方的线性思维很难实现思维的超越。

总之，优选思维、发散思维和聚合思维是三种不同的创造性思维模式（见图3-7）。聚合思维或"求同思维"的特征是寻找唯一正确答案（是"一题一解"），是智商测验的理论基础；发散思维或"求异思维"是美国吉尔福特学派的创造性思维特征（是"一题多解"），是经典的创造性思维测验的理论基础；而优选思维或"求优思维"则是基于中庸智慧的具有中国特色的创造性思维特征，强调在解决两难或多难等复杂问题时，找到能够让问题各方利益最大化（双赢或多赢）的、最优但不一定是唯一解决方案的创造性思维特征（是"多题优解"或"难题优解"），但所有解决方案都指向问题相关方的利益最大化，是更高级的创造性思维活动，能够解决更为复杂的问题。

中国传统文化的主流是儒家文化，而儒家文化的精华是中庸思想。中庸既是一种伦理学说，也是一种思想方法论。中庸智慧是一种适度、恰当地处理好人与自然、人与社会、人与人、人与自我等各种关系的融通意识和能力，是"天人合一"的最高境界。优选思维，其思维导向就是"鱼与熊掌兼得"。优选思维吸取了中华传统文化中儒家的中庸智慧的精华，是一种整合思维模式；在问题解决上又体现了佛家的"顿悟"，具有"以儒为本，以佛为用"的实用精神。不是单向思维、单边主义、非此即彼、我赢你输的零和博弈；而是提倡权衡各方利益，实现所有问题相关方的利益最大化，是中国式的最优问题解决方案。中庸智慧是"一国两制""一带一路""共建共享共赢、建立人类命运共同体"的创造性思维基础，也是优选思维的具体体现。

创新思维的三种模式：聚合思维、发散思维和优选思维

◆ **聚合思维**——一题一解——**求同思维**
◆ **发散思维**——一题多解——**求异思维**
◆ **优选思维**——难题优解——**求优思维**

图 3-7　创造性思维的三种模式

中庸哲学可能是问题解决的最高境界。而基于中庸智慧的巧思法，不仅是一种思维方式，更是一种人格特征、一种生活态度、一种追求圆满的生活哲学，它是上至解决国际争端、下至化解家庭矛盾都需要的智慧。如果儿童从小就培养这种思维方式，将会从源头上提高国家的软实力，提高下一代处理国际事务的能力；也将减少极端处事方式的发生率（如"跳楼"或"跳江"的行为），使家庭和社会更和谐。

创新教育是以培养人的创新素养即创新精神和创新能力为宗旨的教育。在儿童创新教育的认识中常常有两个误区。一是以为创新教育等同于"小发明、小创造"。其实，我们是过程和结果统一论者。创新教育既要结果又要过程，关注的是儿童在创新教育中创新精神和创新能力的可测量的变化发展。儿童制作出一些手工作品或模型，体现的是创新的实践能力，为儿童的创意作品申请专利，则是一种自然而然的副产品，是我们重视、珍惜、保护儿童的创新精神和创新能力的措施，也是从小培养儿童知识产权观念、依法保护儿童知识产权的重要方法。最为珍贵的是儿童无拘无束的想象和创意，而使它们在真正的产品上实现则是工程师的事。创新教育工作者最需要提高的是对儿童创新、创意、创造的鉴赏力和个性化指导能力。二是将创新教育等同于培养儿童的创新思维能力。前面已说过，创新素养包括创新精神和创新能力。创新精神是创新的人格特征；创新能力是创新的智慧特征，又包括创新思维能力和创新实践能力。从教育心理学角度看，创新素养是一种综合素养，主要包含创新人格、创新思维、创新实践能力三个要素。三个要素中最重要的是创新人格，接下来是创新思维和创新实践能力。创新人格是最高层次的创新潜能，是创新的动力系统，在创新活动中起着定向、引导、维持、调节、强化等作用，往往在创新的关键时刻发挥决定性的作用。

第四章

巧思法的五大关键能力

在新时代，我们不仅要让孩子们探究"十万个为什么"，更要让他们知道"十万个怎么办"，我们不仅要解决那些"卡脖子"的技术问题，更要解决那些"卡脑子"的教育问题。让儿童天真烂漫的想象力和创造力在成长的过程中奋力绽放。

——程淮

巧思法五大关键能力对应于巧思法问题、探索、优化、展示、行动五个阶段，是儿童在创造性解决问题的过程中所必须具备的最基本、最重要、起决定作用的创新能力。

事实上，由于儿童的知识储备较少，在面对问题时，更需要启发他们的创造性思维，运用各种方式激活他们的想象力，帮助他们找到问题解决的思路。运用巧思法解决问题为儿童提供了思维的路线支架，是儿童丰富知识经验并对已有知识经验进行选择、组合、综合运用的创造性活动。要想切实提高儿童的问题解决能力，让儿童成为创造性的问题解决者，就需要围绕巧思法的五个主要过程所对应的五大关键能力——提问力、探索力、优化力、表达力、行动力着力进行培养，引导儿童有效运用各种信息，不断经历问题解决的思维过程，形成问题解决的思维习惯和个性倾向，逐步成为创造性人才。

巧思法的五个阶段对应的关键能力分别如下。

问题阶段，对应的关键能力是"提问力"；探索阶段，对应的关键能力是"探索力"；优化阶段，对应的关键能力是"优化力"；展示阶段，对应的关键能力是"表达力"；行动阶段，对应的关键能力是"行动力"。

五种关键能力模型称为巧思法"五力模型"（见图 4-1）。下面将对"五力"逐一说明，并提出培养"五力"的基本策略。

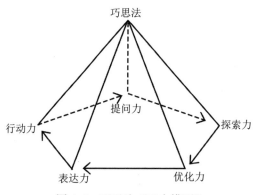

图 4-1 巧思法"五力模型"

Q——提问力

在我到全国各地为家长们做演讲时，我常常问家长："孩子回家后，您最常问的问题是什么？"家长们异口同声地回答："今天学什么了？"全场发出会心的笑声。有的家长又补充"今天吃什么了？""今天表现好不好啊？"等。可以看出，家长们最关注的还是知识技能。当我说："请问自己的孩子'你有没有给老师提过什么有趣的、有价值的问题？'的家长举手。"结果，一千多人的会场，竟然没有一个家长举手。这正是当今中国家庭教育的缺憾——我们的孩子不会提问题，也不敢提问题，我们也不重视培养他们提问的能力。因此，我认为，学会提出有趣的、有价值的问题，是教育的核心目标之一。

在以"创业的国度"著称的以色列，犹太民族坚定地认为"发问使人进步"。犹太人只占世界人口的0.3%，却掌握着超过30%的世界财富。而且，自诺贝尔奖设立至2017年，犹太民族获得诺贝尔奖的人数占所有获诺贝尔奖人数的22.5%，在902位诺贝尔奖得主中占有203席，是世界平均水平的100倍（陈九霖，2019）。大家最熟悉的影响世界的三个人——马克思、爱因斯坦、弗洛伊德，都是犹太人。犹太教育的核心是质疑和提问。孩子放学后，妈妈的第一句话是："今天你向老师提问了吗？问了什么问题？"开始的时候，孩子的问题听起来幼稚可笑，但随着提问能力的提高，孩子提出的问题也越来越深刻，在提问中学到的知识也更多。犹太人以善于向老师提问题，并且能够将老师"问倒"为荣。

要培养富有创造力的孩子，我们就必须让他们敢提问、爱提问、会提问，使他们成为问题大师，成为善于发现问题、探索问题、解决问题的高手，进而成为创造性地解决问题的问题解决者。

巧思法的第一个阶段是问题阶段，对应的关键能力即"提问力"。

人类的一切进步都来源于发现问题和解决问题。鼓励儿童关注和发现生活中需要解决的真实问题，养成"敢提问、爱提问、会提问、巧提问"的习惯，能提出有趣的、有价值的问题，形成"问题库"，这是创新教育的首要任务。

巧思法强调发现和解决贴近儿童生活的真实问题，而这些问题的解决有可能对他们的生活产生新颖而又有价值的影响，这比传统的实验室中单纯的发散性思维任务更能激发儿童解决问题的动机和主观能动性。在这种情形下，即使是年幼的孩子也能够识别问题并构想有意义的解决方案（Langer，2012），从而使问题的解决更加有动力。

我国著名教育家陶行知也有一句名言：发明千千万，起点是一问。什么样的孩子才能成为"提问大师"呢？

敢提问

在成长的过程中，孩子总会有很多困惑，他们会问各种各样的问题，可惜的是，成年人常常简单回应，甚至漠视、打压孩子，长此以往，孩子便不再提问。要让孩子敢提问，父母需要更新自己的教育理念，鼓励孩子的提问行为，还可以用一些有趣的问题激发孩子提问的兴趣。

（1）当孩子向你提出问题的时候，只要有可能，应当马上放下手头的事情，认真倾听孩子的问题，可以用点头、眼神交流、重复问题等方式表现你的重视。

（2）对孩子的问题保持好奇和欣赏，进行恰当的回应。你可以先肯定孩子敢提问的行为："你提了一个很好的问题，当年有个科学家也提过同样的问题呢。"然后了解孩子的想法，"这个问题，你是怎么想的呢？"进而对问题进行补充或者和孩子一起探究问题的答案。如果你的时间不允许，可以在肯定孩子的提问行为后，对孩子说："妈妈现在正在忙，10分钟之后再和你一起讨论这个问题。"给孩子明确的等待时间，让孩子知道你很欣赏他提问的行为，也很重视和他一起解决问题的过程。

（3）和孩子探索问题的答案时要有耐心。寻求答案的过程正是让孩子进行探索学习的好机会。无论你是直接回答孩子的提问，还是和孩子一起查阅资料、动手试验，都会让孩子明白：这些方式有助于解决问题。

（4）和孩子一起"质疑千古佳话"。把自古以来传为佳话的人们解决问题的聪明绝顶的方法作为质疑的对象，以引导孩子敢于质疑权威或批判性地进行思考。例如，对人人称颂的《文彦博树洞取球》的故事，鼓励孩子质疑："如果洞漏水了怎么办？""如果球是铁的、铜的，怎么灌水也浮不上来怎么办？"……有的孩子回答："球我不要了，让妈妈再给我买一个，就达到有球玩的目的了。"这样的孩子具有领袖才能，是能把握大方向的人。所以，培养孩子的创造力，同时也可以培养孩子的领导力。

就像爱因斯坦所说的那样："提出一个问题，往往比解决一个问题更重要。"因为解决一个问题可能只是方法上的一个技巧而已，而提出一个新的问题，则需要有创造性的想象力。今天，如果孩子们能够创造性地提出问题、解决问题，那么明天他们就能从容不迫地迎接未来的挑战。

爱提问

爱提问的孩子头脑里一天到晚都是小问号，这正是他们对世界充满好奇、渴望探索的表现。牛顿能从一个掉落的苹果引发疑问，进而发现万有引力；阿基米德在泡澡的时候受到启发，发现浮力原理。这些足以说明好奇心多么重要。爱提问要求孩子有问题意识，喜欢提问，甚至以问倒家长和自己为乐，进而养成提问的习惯。

以下方法可培养孩子爱提问的习惯。

（1）在家里设置"问题墙"或者"问题箱"，将孩子提出的问题记录并保存。例如，有一个家庭将孩子每次提出的问题都写在精美的纸笺上，再把这些纸笺装进透明的小玻璃瓶，系在电动升降晾衣架上（美其名曰"漂流瓶"），或者和绿植装饰在一面墙壁上。一方面具有仪式感，促使孩子养成爱提问的好习惯;另一方面可建立专门的"问题库",也方便随时查阅、回顾曾经提出的问题，和家里人以及亲朋好友分享有价值的问题。

（2）运用正强化机制，对孩子的提问行为进行激励。需要注意的是，不仅要有物质激励，如好吃的、好玩的、好用的，还要有精神奖励，如通过努力可以达到某个数量和质量标准（如能给出"怎么办"的解决方案，而不仅仅是问"是什么"和"为什么"），就会获得一星级"问题大王"的称号。奖励作为外在的强化因素,需要精神激励和物质奖励并用。例如，可以和爸爸妈妈一起去野餐；可以邀请小伙伴到家里做客；可以领养一天小宠物;等等。而奖励的"点"应当是突出孩子"爱提问"的行为习惯，而不是提了问题就给奖励，不提问就不给奖励，这样就会适得其反，养成为得到奖励才去提问的习惯。其实，最大的奖励应当是孩子提出新问题和新发现本身的内在乐趣。这种乐趣如果能够得到不断的正强化，就会形成"乐趣—兴趣— 志趣—志向"的良性循环。

（3）以身作则，做一名爱提问的家长。将自己发现的问题和孩子一起交流、讨论；也可以和孩子比一比，看谁能在生活中发现更多问题，相互提问。

会提问

会提问要求孩子能提出有趣的、有价值的、独特的问题，会分析与综合问题,找到真问题,能切入问题的本质。科学家李政道说过一句话:"什么叫学问？就是要学怎样问,学会思考问题。"因此,学问学问,不仅要学，而且要问。会提问，能问到关键，直指问题的要害或本质，是一种高级思维品质，即思维的深刻性，对孩子具有一定的挑战性，需要先让孩子掌握提问的基本方法。比如，观察提问法，引导孩子多观察事物的特征或细节并进行提问;类比提问法，将已有经验进行类比、联想并进行提问；多角度追问法，从多个角度进行提问；等等。这些提问的方法需要家长进行示范，慢慢引导。

以下是一些有助于孩子"会提问"的方法。

（1）观察提问法：和孩子一起观察并发现问题。当孩子观察时，不要轻易打扰，而要和孩子一起做敏锐的发现者。例如，春天什么花先开？冬天会有什么花开？等等。引导孩子观察细节并进行提问。例如，一棵树上的两片树叶是一模一样的吗？要多和孩子一起关注在直接观察中就能获得结论的现象。例如，什么动物走路不用脚？是不是所有的树在秋天叶子都要落呢？

（2）类比提问法：将已有经验进行类比并提问。例如，为什么石头在水里会沉下去，皮球却不会呢？夏天很热，小动物怎么让自己保持凉快？小动物和人找凉快的方法有什么不一样？这些提问有利于孩子联结经验、扩展经验、形成知识经验库，进入更深一层的思考。例如，飞机不会扇动翅膀，为什么也能像小鸟一样飞翔？怎样才能让人像小树一样，晒晒太阳就饱了，就能长高了？

（3）多角度追问法：从正面、反面，自己、他人等多个角度进行提问。例如，吃西瓜的好处是什么？吃西瓜的坏处是什么？妈妈说咖啡很好喝，爸爸会怎么说呢？我呢？小狗呢？这些问题有助于孩子辩证思维的萌芽，理解不同的人有不同的观点。

巧提问

在面对两难或多难问题时，许多人并不会进行矛盾分析，因而对问题解决无从下手。巧提问就是能运用巧思板等工具，在问题解决的初始阶段就能清晰地进行矛盾分析，能够提炼或者明确提出真正要解决的两难或多难问题是什么，在后期获得更精准、更优化的解决方案。

以下是一些有助于孩子"巧提问"的方法。

（1）在生活中要关注和识别遇到的两难问题，分析并提炼让人"纠结"

的表达两难问题的关键词。例如，糖果很好吃，可是吃多了对牙齿不好，到底该吃还是不该吃？

（2）根据解决两难问题的优选解方向提出新的问题。运用巧思板把两难问题进行"一分为二"的分析之后，将两项优点"合二为一"，形成优选解的明确方向，进而提出更具针对性的新问题并解决问题。例如，吃糖果的好处是甜甜的味道让自己很开心很满足，坏处是容易形成蛀牙。不吃糖果的好处是不容易形成蛀牙，坏处是看到别人吃糖果就嘴馋，很羡慕。合并好处之后的优选解方向是：既能享受到甜甜的味道让自己开心满足，又不会形成蛀牙。新的问题就是："什么东西甜甜的，既好吃又能让人不长蛀牙呢？"或者"怎样吃甜东西不长蛀牙呢？"

（3）列出一些常见的两难问题，和孩子共同分析并提炼两难问题。例如，奶奶家和姥姥家不在一个城市，过年了，我和爸爸妈妈究竟是去奶奶家还是姥姥家？怎样让两家老人都能欢欢喜喜过大年呢？进而寻找最佳解决方案。经常性地进行此项"巧提问"的练习，对问题的探索解决更具创造性，也有助于孩子形成优选思维和优选人格。

E——探索力

巧思法的第二个阶段是探索阶段，它是解决问题的第一步，对应的关键能力即探索力。然而，如何"探索"，怎样把握探索的方向、策略和步骤，则是问题解决过程中最困难、最关键的问题。如何培养和提高探索力，我认为，需要把握以下五个要素。

第一，热忱，即具有强烈的探索动机和愿望。对世界的好奇和兴趣是引发探索热忱的动因，但热忱本身是一种情绪和情感力量。巧思法强调运用"情感窗"技术，在真实的问题情境中，激发儿童探索的欲望和情感，激活"情绪脑"，打开儿童解决问题的"情感窗"。例如，采用强烈对比法、视觉冲击法、配乐故事法、夸张表现法等方法，让孩子体验自己尝试解决的生活中的实际问题的价值，萌生一种主人翁意识，激发孩子的责任感和使命感，这也是激励孩子保持热忱并不断进行复杂探索的源泉。只有那些对探索未知抱有真正兴趣和热忱的人才会成功。最有成就的探索者往往拥有巨大的热情，正如美国石油大王约翰·洛克菲勒在总结他的成功经验时所写的："只有偏执狂才能成功。"

第二，正确的价值观。在明确问题之后，探索解决问题的首要前提就是人们秉持的价值观，特别是解决存在价值理念和认知冲突的两难问题乃至多难问题时更是如此。价值观正确，符合公众利益，解决问题的方法才能造福社会。

第三，经验桥。在儿童探索解决问题的方法的过程中，及时让儿童获得与解决问题直接相关的知识和经验，形成通向问题解决的"经验桥"，是提高探索效率的重要方法。搭建经验桥的方法有：① 调动以往经验；② 组织新鲜经验；③ 解决问题。

例如，在"怎样帮助色盲人安全自主地过马路"的案例中，孩子们通过查阅资料、讨论分析，了解了色盲的意思。教师先是引导儿童通过图片了解色盲人眼中的世界，又为儿童准备了特殊的眼镜，让他们戴上，体验色盲人眼中的世界（组织新鲜经验）。接着，通过头脑风暴让儿童讨论、制订解决方案。当儿童为要不要更换红绿灯陷入争论时，采用巧思板工具帮助儿童找到探索优选解的方向。然后，儿童调整方案，再次经过讨论、质疑，形成两种解决方案：一是声音红绿灯；二是动物图案红绿灯（调动已有经验）。可以发现，教师在儿童已有经验（过马路看红绿灯、声音识别、图案识别）的基础上，一步步巧妙地为儿童搭建"经验桥"，润物细无声地将儿童引导到创造性最优问题解决的方向。

第四，优选思维。作为一种创新思维方法和探索工具，优选思维运用"先瞄准，后开枪"的策略，精准确定问题的优选解范围后再头脑风暴（要求"枪枪打在靶心上"），直达问题解决的核心，走出爱迪生"尝试—错误"的泥潭，创造一种"尝试—成功"的探索模式，大大缩短探索的时间，提高成功的概率。

第五，坚持精神。问题的解决往往不是那么容易的，尤其是复杂的两难问题，需要经过反复探索。其间，有可能会经历多次失败。此时，特别需要不怕失败、不怕困难的坚持精神，学会借助各种资源和工具继续围绕要解决的问题进行探索，把"不可能"变成"不，可能"！创新人格在探索中往往起决定性作用，需要从小培养和磨砺。

下面，我们就以获得第 43 届 INOVA 国际发明展最高奖的《怎样帮助色盲人安全自主地过马路》为例，详细说明孩子们在创造性地解决问题的探索过程中，如何找到探索的方向、策略和步骤，提高探索力的"五要素"。

怎样帮助色盲人安全自主地过马路?

1. 提出要解决的有价值的问题

百宽在得知邻居高奶奶因色盲而导致车祸不幸去世的消息后，心里非常难过。在"每周一问"活动中，他提出了"怎样才能让色盲人安全自主地过马路"的问题，引发了孩子们的情感共鸣。大家都想帮助色盲人解决这个问题（激活"情绪脑"，打开"情感窗"，激发解决问题的动机和热忱）。

2. 了解色盲人眼中的世界（经验桥：组织新鲜经验）

（1）资料查询：通过资料查找以及图片的对比，孩子们知道色盲人的世界是有颜色缺失的。

（2）切身体验：为了让孩子们真实感受和体验色盲人的世界，第二天，老师准备了许多特殊的眼镜。

老师：今天我带来了许多眼镜，戴上之后周围的环境会有什么变化呢？你们要不要试试啊？

（孩子们争先恐后地戴上眼镜，走到班级的各个角落。）

小小：我发现我们的植物的叶子都是灰色的。

宝宝：我看到的玩具都是绿色的。

老师：你们都感受到色盲人眼中周围的环境和我们看到的不同了。那么，再想一想色盲人在生活中还有哪些不方便。大家说一说！

美美：看不清楚衣服的颜色。

小小：画画时分不清彩笔的颜色。

百宽：彩虹是五颜六色的，他们也看不见。

形形：那看到的红绿灯是什么样子的呀？

老师：我们也可以去试试！

（孩子们兴奋地和老师们一起来到幼儿园外面的红绿灯路口，戴上眼镜观察红绿灯。）

美美：我看到的红绿灯都是灰色的（眼镜贴膜是灰色的）。

百宽：我看到的红绿灯都是棕色的（眼镜贴膜是棕色的）。

小小：我能看到红绿灯是一闪一闪的，但都是灰色的，不知道哪个灯是走，哪个灯是停，这样还能过马路吗？

百宽：高奶奶就是因为看不清红绿灯过马路才出危险的。我们能想个什么办法，让这些人以后过马路时不会因为看不清红绿灯再遇到危险呢？

点评：运用"情感窗"技术，唤起孩子们对邻居高奶奶不幸去世的难过的心理体验，又通过和他们一起查阅资料、戴彩色眼镜切身体验色盲人眼中颜色缺失的世界，激发孩子们帮助色盲人安全过马路、探索解决问题的"热忱"。这个过程蕴含着对儿童建立帮助他人的"价值观"的引导。

3. 讨论、制订"我的解决方案"

老师：我们可以一起想想办法，帮助色盲人解决过马路的问题。

百宽：我想设计一种眼镜，帮助色盲人看清红绿灯。

妍妍：我想发明一种眼药水，给色盲的人滴上一滴，能让色盲的人看清楚红绿灯。

阳阳：机器人也能帮助色盲人安全过马路。

……

老师：你们的奇思妙想都可以记录下来，在幼儿园、家里或者其他地方找一找有没有合适的材料将自己的想法实现以帮助色盲人。

（孩子们都很兴奋，都积极地去寻找材料。一天后，再次交流讨论。）

老师：你们的办法都实验得怎么样了？

（孩子们显得有些失落。）

百宽：我设计的眼镜试了很多次，颜色不能变化，永远是一种颜色，不能帮助色盲的人。

妍妍：回家后和妈妈一起在网上查看资料，又和妈妈一起去药店查看，药店的阿姨说制作眼药水需要许多科学研究和医学知识，眼药水是不能随便使用的，会对我们的眼睛造成伤害。

阳阳：我搭建了一个机器人，但是这机器人不能走路，也不能分辨谁是色盲人。

……

4. 交流、调整"我的解决方案"

老师：你们的想法都特别好，都是站在色盲人的角度上想的办法；我们能不能换一个角度帮助色盲的人呢？大家想一想，过马路的时候色盲人需要看什么？

美美：看别人过马路，色盲人就跟着过马路。

小熊：那有闯红灯的人过马路，色盲的人也一起闯红灯吗？这样太危险了。

苗儿马上质疑：没有旁人的时候，色盲的人怎么过马路呢？

百宽：色盲人是要看红绿灯的，我们能不能试试改变红绿灯呀？能不能做成不带颜色的红绿灯？

阳阳：我们可以试试做个数字交通信号灯，"1"代表红灯、"2"代表黄灯、"3"代表绿灯，这样色盲的人看见数字就知道怎么过马路了。

宝宝：红绿灯还可以大小不一样呀，红灯最大，黄灯中等，绿灯最小，可以通过识别大小区分能不能过马路。

百宽：我们回家的时候路过许多红绿灯，是不是所有的红绿灯都需要变呢？

小小：当然要变了，不然色盲的人不就又有危险了吗？

百宽：那我们就得把现在所有的红绿灯都换掉，还要告诉全世界的人红绿灯变成了数字灯和大小红绿灯，这多麻烦呀。

老师：百宽小朋友能想到生活中的真实问题，这个问题也是大家要考虑的一点。大家的想法一定要方便可行，既能帮助色盲的人，又不影响其他人。

苗儿：如果不换红绿灯，在每个红绿灯下有工作人员指挥，那么所有的人都能安全地过红绿灯了。

毛毛：哪有那么多做这样的工作的人员呀？要是工作人员生病不能来了怎么办？

宝宝：每个红绿灯多配一些人呀，可以轮流指挥过马路。我觉得这样更安全。

毛毛：全世界有那么多红绿灯，哪有那么多人管红绿灯呀？还是换灯吧。

（面对孩子们关于"换不换红绿灯"的问题各执一词的争论，老师意识到，这是一个典型的两难问题，可以引导并鼓励孩子们用巧思板解决这个矛盾。）

点评：面对要解决的问题，孩子们往往运用直觉思维进行"直接头脑风暴"，表达自己的想法和创意。教师没有简单地对孩子们的想法进行评判，而是以尊重、呵护的态度，鼓励孩子们回去找材料进行实际试验，这也是一个提出"猜想"、验证"假说"的科学探索过程。通过试验，孩子们发现有的想法是行不通的，需要调整。在教师的引导下，孩子们换个角度再次充分地进行讨论交流，通过"质疑头脑风暴"找到矛盾的焦点和解决问题的明确方向。同时，也让孩子们体验到，探索是一个坚持不懈的过程，需要继续努力。

5. 寻找优选解——巧思板的介入

老师：今天，我们用一个神奇的工具——巧思板来解决这个难题。我们来体验一下。

刚才大家争论的焦点是：到底是"换"还是"不换"红绿灯。咱们有两种选择，一种是换红绿灯，一种是不换红绿灯加指挥人员。我们可以把这两种选择画成选择卡，放在巧思板上方的两个问题框里。可能每一种方法都有它的优点和缺点，在巧思板上，笑脸代表优点，哭脸代表缺点。

请你们想想换红绿灯和不换红绿灯的优点与缺点，尝试把它画在情境卡上，放在笑脸和哭脸的下方，画好后再请大家说说它们各自的优缺点是什么。

美美：换红绿灯的优点是色盲的人不需要别人帮助就能安全过马路，缺点是换掉所有红绿灯会造成浪费。

小小：不换红绿灯的优点是没有浪费；缺点是色盲人过马路需要别人帮助，不能随时随地有人指挥。

老师：原来两种选择都有自己的优点和缺点，那么最好的选择是什么呢？

百宽：能不能只选优点，不要缺点呢？

老师：好啊！咱们把两个优点都放在一起看看，优点（笑脸）＋优点

（笑脸）就是最好的选择，我们就叫它"优选解"。咱们来梳理一下"优选解"的方向吧。（见图 4-2）

孩子操作巧思板后发现优选解是：既要色盲人能安全自主地过马路，又不用更换红绿灯。

老师总结：

用巧思板分析，大家找到的优选解就是：色盲人既不需要别人帮助，能够自己安全过马路，又不用更换所有的红绿灯。那么，我们要设计什么样的红绿灯才能更好地提示色盲人安全自主地过马路呢？

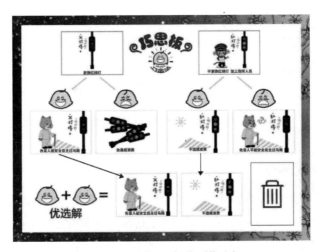

图 4-2　运用巧思板找到优选解

（孩子们瞄准这个优选解，继续设计自己的方案，再次进行讨论。）

小小：红绿灯有声音，过马路的时候听见有"嘟嘟嘟"的声音。

宝宝（兴奋地）：我们能不能让红绿灯说话呢？

小小：设计会说话的红绿灯，人们能听到"红灯停，绿灯行，黄灯等一等"的声音，这样的红绿灯，不仅能使色盲的人靠听觉过马路，还能让盲人、看不清楚的老人和小孩顺利过马路。

美美：还可以用动物头像代替红绿灯。

毛毛：设计一闪一闪的红绿灯，红灯亮时闪，绿灯亮时不闪，这样就能区别红绿灯了。

（小朋友都积极地参与，想证明自己的想法最有效，大家共同讨论并相互质疑。）

小小：有声音的红绿灯，色盲人和盲人都能听得见，所以能安全地过马路。

苗儿质疑：不知道声音会不会太吵了，我们先试试能不能听见再说吧。

美美提出用动物代替声音：大家都认识动物呀？用老虎（红灯）、兔子（绿灯）、乌龟（黄灯）的图案代表红绿灯，就不用声音了。

（小朋友都认为这个办法挺好，也可以试试。）

毛毛坚持：红绿灯闪烁，更容易被看到，色盲的人也能感受到亮亮的。

美美质疑：红绿灯闪烁也是带颜色的，色盲的人还是看不清楚颜色。这个还是不能用。

（孩子们也都同意，不用试了。）

老师：那我们就来验证大家没有疑惑的方法吧！

点评：优选思维是高级的思维过程，借助于形象化、可操作的工具——巧思板，让孩子们找到"笑脸＋笑脸＝优选解"的探索方向，让他们学会"一分为二"和"合二为一"的思维方式，有助于他们学会分析与整合，养成创造性地进行优选的习惯。

6. 分组实验后调整的方案

在教师的支持下，孩子们分组自制"声音红绿灯"和"动物红绿灯"，并对这两款红绿灯分别进行实地测试。

（1）第一组：声音红绿灯的试验。声音组孩子们在老师的帮助下录音："红灯停、绿灯行、黄灯等一等；红灯停、绿灯行、黄灯等一等。"反复测试后，让录音的口令和红绿灯变换的时间、顺序同步后，用移动音响在室内模拟红绿灯运行（见图4-3）。小朋友和老师都能听到红绿灯的安全指示语，于是决定去真正的红绿灯处进行测试，探索验证马路上的声音红绿灯（见图4-4）。

图4-3　室内"声音红绿灯"测试　　　图4-4　马路上"声音红绿灯"测试

为了保证安全，老师、保安叔叔和小朋友们来到幼儿园外面的十字路口，孩子们带着自制的"声音红绿灯"在大街上试验，发现街上的汽车鸣笛声、人们的说话声、广告的播放声等很嘈杂，淹没了变灯提示的声音，不能保证人们过马路的安全。

（2）第二组：动物红绿灯的试验。百宽和小朋友们一起制作了三种动物红绿灯：老虎是凶猛的动物，大家都害怕，代替红灯；小兔子跑得快，就代替绿灯；小乌龟走得慢，就定为黄灯。

然后，孩子们到模拟场地进行游戏验证。当红灯（老虎）出现的时候，小朋友们停在原地；看见绿灯（小兔子）出现，小朋友赶快通过红绿灯；黄色（乌龟）出现时，小朋友就会等一等。大家在模拟场地上玩得很开心（见图4-5）。之后，大家决定到马路上进行验证。

孩子们和老师一起来到马路上的红绿灯处，出示动物红绿灯（见图4-6），这时站在马路对面的孩子们发现因距离比较远看不清是什么动物。怎么能让所有人都不费劲地看见呢？科科提议将动物剪成窗花。大家用透明塑料剪了3种动物放在5米外的红绿灯处，结果隐隐约约地看到了动物的轮廓，但还是看不太清楚。

图 4-5 动物红绿灯组在模拟场地进行试验

图 4-6 动物红绿灯组在马路上进行试验

色盲人过马路还是有危险呀！孩子们又都垂头丧气了。

点评：美丽的假说被丑恶的事实所扼杀，是科学实验和创造发明活动中常有的事。失败是探索过程中的必修课。但是，难能可贵的是，孩子们的探索都是瞄准了优选解的方向——既要色盲人安全自主地过马路，又不造成浪费的目标——而进行的。根据目标调动已有知识经验，建立问题解决的"经验桥"；选择合适的材料，让孩子们尝试做出自己的红绿灯解决方案，再实地进行现场验证。这个过程，既是对孩子们创造性的呵护和鼓励，也表达了对孩子们的充分信任，相信孩子们是可以解决问题的。信任是孩子们坚持探索的力量源泉。孩子们反复地实地验证，可以获得真实而又丰富的体验，既有助于孩子们生活经验的积累，更是对孩子们进行科学探索的启蒙和训练。鼓励孩子们关注生活中的问题，探索问题解决方案，帮助他们更好地完成社会化的过程，这也是巧思法一直倡导的鼓励儿童"发现真问题、解决真问题、真解决问题"的开端。

　　7. 再次调整，形成最优解决方案

　　老师：你们的想法都很好，我们用声音和动物图案代替红绿灯，这些都是我们认识的符号标记。但是动物的轮廓太复杂了，怎么才能让所有的人一看就清楚呢？

　　百宽：图形是不是也是符号？图形比动物看起来简单多了吧？我们可不可以用图形代替呢？

　　老师：图形也是符号的一种。

　　孩子们：如果是形状，小朋友和大人都认识，我们用形状设计一下吧。

　　孩子们开始了自己的设计。

　　百宽：圆形"○"大家都认识，可以代表绿灯，表示可以过马路；红色用"×"代替，表示不能通过的意思。

　　豆豆：黄灯是不是可以用半圆代替？

　　百宽：用三角形代替黄灯吧，因为圆形和半圆形有一样的地方，眼睛不好的人分辨不出来就容易看错了。

　　孩子们都赞同百宽的办法，于是又开始了新一轮的实验。经过实验，在专业人员的帮助下，孩子们成功地研制了一个图形红绿灯的模型：在原有的红绿灯上面覆盖一层膜，显示简单易识别的几何图形，用"○"代表绿灯，用"×"代表红灯，用"△"代表黄灯。同时，红绿灯还要闪烁，这样色盲的人容易看清形状，就可以安全地过马路了。

最后，大家又一起到马路上模拟色盲人过马路（见图 4-7），虽然还是看不清楚是什么颜色，但是大家都认识图形，可以安全地过马路了。解决方案终于在孩子们的不断讨论、调整、优化的过程中出炉了。

图 4-7　一种用简单图形标识的可以让色盲人安全过马路的红绿灯

点评：让色盲人安全自主地过马路的探索活动，持续了将近两周。孩子们在问题解决的探索过程中怀着对特殊群体的仁爱之心，秉持利他的价值观，在探索优选方向、行动策略和方法步骤中，一直目标清晰，热情高涨；他们以巧思板作为支架，搭建适宜的问题解决的经验桥，充分表达，动手操作，亲身体验，相互合作，不怕困难，坚持不懈，最终通过"优化头脑风暴"解决了问题，探索力也得到了发展。

在探究问题的过程中，促使儿童经历发现问题、理解经验、内化知识、运用知识、迁移知识的过程，并感受创造性地解决问题的新颖和实用。在解决问题的过程中，将儿童的发现与发展、交流与沟通、民主与集中、深度探究与多元表达、自主学习与合作学习、收集信息与运用信息、构建经验与迁移经验、思维发展与能力提高、儿童发展与教师发展建立了有效的联系。

探索过程本身体现了基于创造性地解决问题的探究性学习、深度学习和主动学习的特点。创新发明人才往往专心致志、喜欢类比事物，敢于挑战自我、挑战权威，习惯于寻找事物的特点，发现事物间的联系。

善于发现问题、喜欢以独特的方式探索事物、善于预测事物的结果等品质需要从小着力培养。

　　探索力是解决问题的关键能力之一。在尝试解决问题的探索过程中，了解孩子的已有经验，并为了孩子不断扩大认知、形成新经验、找到有效的解决方法而提供适当的帮助，就是为孩子搭建经验桥的过程。而在问题解决的早期探索阶段引入巧思板，是巧思法与传统培养儿童创造力方法的重要区别。巧思法在头脑风暴之前强加了一个结构（前置条件为最优、双赢解决方案）。在问题解决的初始阶段就将问题结构化，尽早形成一种评估（或批判性）的立场，先瞄准，后开枪，以获得更精准、优化的解决方案，注重提高问题解决的质量，而不是盲目地提出多种解决方案，避免了幼儿不切实际的漫天想象。抓住解决问题的核心并进行不断探索、优化，使探索成为解决问题的重要过程。而探索过程的复杂性对儿童创造性人格中的敢为性、想象力、坚持性和优选性都是一种磨砺和塑造。

O——优化力

　　巧思法的第三个阶段是优化阶段：紧紧围绕"优选解"进行探索，获得最优问题解决的具体方案，以实现问题解决的最优化。

　　优化阶段是儿童解决问题的实质性阶段，是让儿童尝试对设想进行实践的创客活动过程。实际上，探索和优化不是割裂的关系，很难真正分开。有过实际生活经验的人都知道，在不断的探索中，需要不断地进行调整和优化，最终形成最佳解决方案。或者在多种解决方案中，平衡各方利益，选择最佳解决方案。通过在探索环节运用巧思板形成优选解后，问题朝着解决方向得以聚焦，会出现多种备选的最优解决方案。此时，还需要继续进行思考和尝试，以期找到真正符合现实需要的最优解决方案。例如，案例《怎样帮助色盲人安全自主地过马路？》中，幼儿围绕优选解（既能让色盲人自己安全过马路，又不需要更换所有的红绿灯）提出了两种解决方案：声音红绿灯和动物图案红绿灯。究竟哪种更佳呢？经实验验证发现，声音红绿灯不可行，图案红绿灯稍好一些，但是距离远时又看不清。经过再次讨论和实验，最终优化为符号红绿灯，成功解决了色盲人安全过马路的问题，也荣获了国际发明展金奖。

优化力主要包括三个方面：优选人格、优选思维和优选技法。关于优选思维和优选人格已经在第 2 章和第 3 章中做过详细介绍，这里不再赘述。

如果说探索环节是"瞄准"，那么，优化环节就是"开枪"。为了枪枪打在靶心上，优化的过程同样可以采用头脑风暴的形式。可以采用头脑风暴三部曲：直接头脑风暴、质疑头脑风暴、优化头脑风暴，每个步骤都编成歌谣，便于孩子、老师和家长操作。直接头脑风暴活动之后是质疑头脑风暴活动，孩子们就各种解决方案的有效性和可行性互相质疑，然后在老师或家长的指导下，测试不同的优化的实用解决方案，引导孩子找到与具体想法相关的工具和资源。例如，在爷爷吃药的问题中，药盒、药片（当然是假的）、定时器、录音机和播放器成为最优解决方案的一部分。在优化过程中，孩子们学习了将各种工具结合起来进行设计的创造技法（如组合法）。很多"及时"的学习和老师的支架式教学（同样是"经验桥"，但没有直接告知）都发生在这个阶段。孩子解决爷爷吃药问题的最优解决方案是：发明一种"语音提醒药盒"，把一周要吃的药事先放在药盒里。只要一到吃药的时间，药盒就会播放点点提醒爷爷吃药的声音："爷爷，该吃药啦！"同时，药盒还会播放带闪光的音乐，像救护车的闪光灯。爷爷听到或看到后，只要一按闪光灯（是一个开关），音乐就不响了，这一顿要吃的药就会自动弹出来。最后，参与课程实验的孩子们利用生活中的相关材料制作了一个多功能药盒的模型（该语音提醒药盒已获得国家专利）。

　　既然在优化环节主要围绕合乎优选解方向的解决方案进行优化，那么，我们就必须清楚优选解的四个标准：① 能解决以往的问题；② 能解决以往不能解决的问题；③ 资源或成本较少；④ 不带来新的缺陷。

　　例如，怎样从根本上解决矿难呢？ 6 岁的程皓宇提出："把地底下的煤直接变成煤气，工人叔叔就不用下井啦，也就不会再发生矿难了！"他把自己的设想画成一幅画，一位小矿工用巨大的"射地望远镜"探测哪里有煤，用一根管子把火送到地底下将煤变成煤气，再把煤气通过管道送到上面（见图 4-8）。

图 4-8　矿工叔叔再也不用下井了

　　这就是一位幼儿园的小朋友运用巧思法优选思维从根本上解决矿难的创意，其优选思维就是"既要充分利用煤炭的资源，又要保证矿工的安全"。"既要……又要……"，"鱼与熊掌兼得"，采用的优选技法就是将煤由固态变为气态的"相变法"。这个创意发表在多年前的《中国少年报》上。

　　令人震撼的是，十几年以后，在中国科技部的官方网站上出现了这样一则新闻：

最新发现与创新：煤炭地下汽化技术使日产燃气达 15 万立方米

采煤一不打井，二不剥离地表土，只是在地上插几根管子即可。这是新奥集团与中国矿业大学在内蒙古乌兰察布市进行的无井式煤炭地下气化实验，有两院院士和著名煤炭专家参加的鉴定会认为，这项技术成果达到了国际领先水平。

也就是说，一个 6 岁孩子十几年前的设想，已经变成了现实。孩子们的创意和科学家、工程师们的发明竟然惊人地一致！这也不得不让人惊叹儿童的超出成年人的想象力和创造力。

S——表达力

巧思法的第四个阶段是展示阶段：在这个阶段，儿童必须展示和分享他们关于如何解决问题的创意，主要包括多元表达和个性化展示两个方面。虽然大多数情况下年幼的孩子可能没有办法将自己的思想成果（优选解）直接制造出来，但是孩子们能够根据自己的兴趣特长，以多种形式表达新的创意，如创意画及手工作品展、创意故事、创意发明剧、产品发布会等，形成以儿童画、手工、文字和音像为基础的"作品集"，教师和家长将各种解决问题的创意通过上述形式分类收入展现儿童创造力的"创意库"中。至于如何创作高质量的儿童创意画和手工作品，如何讲好一个创意故事、演好一部创意剧，则不是本书的重点。

展示儿童最优解决方案的目的是培养儿童的集体和个人的受众意识、主人翁意识和能动意识。在展示阶段，一些项目被搬上舞台。到目前为止，已经有十几部"儿童创意发明剧"被创作出来，形成了一个新的剧种，并在同龄人和家长面前登台表演。许多创意作品或产品模型在全国性的创造力邀请赛以及国内外发明博览会上展出并获奖。

例如，在 2020 年抗击新冠肺炎疫情时，孩子们把自己的精彩创意画成画，录成视频，"我是防疫小卫士"创意作品和儿童创客 App 视频在抖音上的播放量达近 150 万人次。

能吸收并净化尾气的新型路灯创意说明

汽车越多尾气也越多，空气都被污染了。我发明的新型路灯就能解决这个问题。路灯内部是大功率吸风机，能把尾气通过路灯小网吸收到路灯内部进行空气转换，氧气通过路灯中间的大网格释放到空气中，有害气体直接在路灯底部被液压成水，进行水力发电。晚上路灯就用这些电照明（见图 4-9）。

（李昔宸，6 岁，北京）

图 4-9　能吸收并净化尾气的新型路灯

点评：车都在路上行驶，把路灯改造成能吸收汽车尾气并加以加工利用的机器，更具有价值。其实创造并不神秘，只需关注现实生活并开动脑筋即可。孩子的想象力和创造力是超出我们的想象的。

病毒检查清除机创意说明

聪明的"病毒检查清除机"能自动检测和清除病毒。机器前面设计了两个人形门，分别检查小朋友和老师，侧面有三个指示灯：绿灯、红灯、黄灯，分别代表健康、感染和疑似。老师或小朋友戴上检查面罩，绿灯亮时门自动打开，红灯和黄灯亮时只要按下蓝色按钮，病毒就被自动清除到回收车里并被消灭（见图4-10）。

（刘美菡，5岁半，武汉）

图4-10　病毒检查清除机

点评："病毒检查清除机"是巧用鞋盒、塑料盖、积木和眼药水瓶等材料，经过裁剪、描绘、粘贴等制作的一套智能抗疫机器，实现了分别检查成人和幼儿，并根据检查结果分别管理健康人、病毒感染者和疑似患者。该手工模型灵动、有趣、操作性强，表达了幼儿期盼疫情结束，希望早日重返幼儿园、恢复学习生活的美好向往。

A——行动力

巧思法的第五个阶段是行动阶段。巧思法与其他培养儿童创造力方法的一个显著不同是崇尚行动。行动阶段是最优解决问题活动的延伸阶段，主要任务是尝试实现解决方案。第一，调研活动。调研或查询孩子们的创意成果是否已有实例或产品，了解孩子创意的市场价值及可行性。对已有或类似的创意产品可以搜集证据，以图片、视频等方式让孩子熟知，有条件的可以去商场或实地参观，激发孩子的自信心和成就感，培养孩子的创造性人格。第二，申请专利行动。和孩子一起，选择一些有可能实现的创意方案，请专业人士用申请专利的方法保护儿童的原创性"思想成果"，形成"专利库"。第三，现阶段无法实现的创意则可雪藏进入"创意库"。第四，尽可能帮助孩子将创意做成产品模型或制作成真正的产品，形成"产品库"。当然，要鼓励孩子们通过多种途径参加各种创意交流或公益性竞赛活动，包括儿童自行组织的产品发布会、毕业创意画展，参加全国性的创意画、创意手工、创意故事、创意剧、微电影大赛等。这些活动形成了一个"行动链"，帮助儿童开阔眼界，提高问题解决的技能，特别是培养他们的创造性人格、创新实践能力乃至进行创新创业的启蒙。到目前为止，已经有超过 50 种由巧思法引导的儿童创意产品正式获得了国家专利。下面仅举两例说明。

多功能组合灭蚊儿童空调市场调研

面对在炎热的夏季既要凉快又要灭蚊等多种需求，有幼儿提出了"多功能灭蚊空调"的精彩创意，把电蚊香和空调组合在一起，蚊香片放在空调里，空调产生热以后可以让蚊香片释放出蚊香，既凉快、可灭蚊，又省电（见图 4-11）。

这样的创意在实际生活中到底有没有呢？老师带孩子们来到家电商场。孩子们问售货员叔叔："你们这儿有灭蚊空调吗？"售货员叔叔很惊讶，孩子们解释后，售货员叔叔很遗憾地说："没有，从来没有过这样的空调。"孩子们接连问了几个大品牌空调经销商，都没有灭蚊空调。有的售货员叔叔还说，要是有灭蚊空调，他也想买一台呢。

图 4-11　调研"灭蚊空调"

调研之后，孩子们兴奋极了，原来自己提出的创意是市场上缺少的，很有价值。后来，在老师的帮助下，灭蚊空调申请了国家专利，这极大地增强了孩子们的自信心。

向日葵式阳光反射器

北京展览馆展出了中国科学院北京延庆太阳能热发电系统模型（见图 4-12）。这套系统的工作原理是：100 面大镜子"像向日葵一样跟着太阳走"，聚集太阳光，把太阳光反射到集热塔上，以此进行发电。听到这个消息，孩子们非常兴奋，因为这与他们设想的用"向日葵阳光反射器"给大楼降温的创意异曲同工。于是，老师在和中科院电子所取得联系后，带领孩子们一起到中科院电子所进行现场考察（见图 4-13）。孩子们向科学家介绍自己的创意，科学家也向孩子们进一步讲解太阳能热发电系统模型的研制过程，赞扬孩子们的精彩创意，鼓励他们好好学习，用创新造福社会。

图 4-12　中国科学院北京延庆太阳能热发电系统模型

图 4-13 到中国科学院电工研究所进行现场考察

总的来说，巧思法是融合了东西方创造性问题解决理论、具有中国特色的"最优问题解决方法论"。巧思法既是思维锻炼的方法论，又是创造力培养的方法论，它代表了一种创造性最优问题解决模式，具体如下。

（1）为问题解决提供了一个结构化的元认知指南和元操作法则——巧思法。

（2）在解决问题的价值取向上，倡导中庸智慧，力求鱼与熊掌兼得，使问题相关方利益最大化。

（3）在问题解决的核心思维方法上，倡导"优选思维"，使用巧思板等工具，分析每种问题解决方案的优势和劣势，既能"一分为二"，又善于"合二为一"，找到能使各方利益最大化的问题解决方案——"优选解"。优选思维的文化内核是东方的集体主义文化。

（4）在解决问题的过程中，始终遵循创造性的问题解决的目标和逻辑，鼓励儿童打破原有概念和思维的框架，以获得最优创造性问题解决的结果，因而这是一种带有明显文化特征的具有更高创造性的问题解决理论与实践模型。

需要特别指出的是，巧思法的结构化并不意味着固化，而是更加具有开放性的创新方法论。表 4-1 为提高巧思"五力"参考表。

表 4-1　提高巧思"五力"参考表

巧思阶段	能力类别	能力要素	互动内容	学习建议
Q——问题（question）	提问力	• 敢提问 • 爱提问 • 会提问 • 巧提问	• 问题墙（箱） • 每周一问 • 质疑经典故事 • 学会提问方法 • 问题库（十万个怎么办）	（1）对孩子的问题认真倾听；保持好奇和欣赏，并进行恰当的回应。 （2）鼓励孩子不惧权威，独立思考。 （3）对孩子提出问题的行为及时鼓励；持续有耐心。 （4）以身作则，和孩子互相提问。 （5）鼓励提问，逐步形成爱提问、爱思考的良好习惯
E——探索（explore）	探索力	• 热忱 • 价值观 • 经验桥 • 优选思维 • 坚持精神	• 情感窗 • 经验桥 • 操作巧思板 • 找到问题解决方向 • 探索物质材料	（1）鼓励孩子探索创造性地解决问题的方案，提出自己个性化的创意，并尝试制作出来。 （2）珍视孩子的创意，与孩子共同讨论并完善创意。 （3）识别生活中的两难问题；列出常见的两难问题；使用巧思板分析和提炼两难问题
O——优化（optimize）	优化力	• 优选人格 • 优选思维 • 优选技法	• 头脑风暴三部曲：（直接—质疑—优化） • 优选思维游戏 • 学习优选技法	（1）在家中营造互相尊重、友好的氛围，再进行创意游戏。 （2）质疑头脑风暴时，采用先肯定再疑问的方式，有意识地激发和提示孩子解决方案的有效性和可行性。 （3）优化头脑风暴时引导和帮助孩子找到与具体想法相关的工具和资源。 （4）观察家里的物品，看它们都用到了哪些优选技法，以便迁移经验

续表

巧思阶段	能力类别	能力要素	互动内容	学习建议
S——展示（show）	表达力	• 多元表达 • 个性化展示	• 表达性游戏（美工、故事、儿歌、戏剧、模型等） • 作品集 • 创意库 • 独特性展示	（1）在家中多和孩子进行表达性游戏，鼓励孩子用绘画、手工、歌唱、节奏、舞蹈、表演等各种方式表达自己的想法和创意。 （2）通过绘本故事等帮助孩子理解、欣赏自己的独特性。 （3）帮助孩子整理并形成他自己的"作品集"和"创意库"。 （4）有计划地坚持培养孩子喜欢的表达方式
A——行动（act）	行动力	• 创意交流 • 市场调研 • 申请专利 • 形成产品	• 产品库 • 社区行动 • 实地考察 • 经验拓展	（1）支持孩子与各类人群大胆互动。 （2）有意识地提醒孩子对社区及周围的环境和事物进行观察、探索，拓展已有经验。 （3）不断积累、丰富孩子的认知、情感和体验，和孩子一起到博物馆、科技馆、体验馆等地实地体验。 （4）鼓励孩子将得到的知识、经验在生活中进行迁移并运用

第五章

和孩子一起学巧思、学创新

像哲学家那样提问，
像科学家那样思考，
像艺术家那样创造。

——程淮

和孩子共同制订巧思学习计划

知识不运用就不能成为本领。了解巧思法的基本理念和知识体系后，必须通过实际的案例学习，才能初步掌握创造性的问题解决方法。学习运用巧思法有两种学习模式：一种是"预成"主题学习模式，探索主题是事先设计好的，主要目的是让孩子学习掌握巧思法；另一种是"生成"主题学习模式，让孩子学会运用巧思法解决现实生活中存在的问题，并且实实在在想出办法来。孩子的创意成果还可以参加"中国娃娃好创意——十万个怎么办"创意作品征集活动。本章精心挑选了六个预成主题、一个生成主题巧思探索活动，帮助孩子尝试解决生活中常见的七个问题。建议家长和孩子一起讨论、制订巧思学习计划，将学习巧思法作为家庭亲子活动的一项固定内容。家长可以每周和孩子进行一次巧思亲子活动，如每周二晚上 7:30 是家庭的"巧思时间"，也可以根据自己的时间灵活安排活动频次。每个活动大约用时 30 分钟，延伸活动可以随时进行。此外，在书后有一些附页，是和每周的学习内容相配套的操作材料，需要提前准备。

想让孩子科学、系统地养成创新思维模式及主动学习的习惯，最好以相对固定的时间和地点进行活动。按照计划进行游戏活动，既有助于培养孩子的计划性，又能逐步提高巧思五大关键能力。

总之，要做到"四定"：定时间、定地点、定人、定内容，以培养孩子探索的习惯。

每周解决一个有趣的问题

在七周的巧思游戏活动中，前六周的游戏均配有：扫描二维码观看动画资源及其彩色图片、书后附页图片、操作单以及亲子活动指导建议等，帮助孩子初步感受和学习巧思法。每个游戏包括三个环节：第一，观看动画，进入问题情境；第二，使用操作单完成游戏，解决问题；第三，延伸活动。建议先根据每周的"学习准备"备好相应的材料，仔细阅读"程准教授的话"给予的活动指导。第七周内容，则只提供相应的活动建议，相信你和孩子可以运用已经掌握的巧思法，成功解决生活中的真问题。值得一提的是，延伸活动需要家长和孩子一起完成一个小玩具或小游戏，这不仅能够进一步体验创新成果，还是最快乐的亲子时光。

在观看动画、解决问题的过程中，你和孩子会遇到一群创意小伙伴（见图 5-1），它们分别是迈客猴、沙皮狗、兔美美、卷卷羊、甜心猫等。

图 5-1　创意小伙伴

提示：在开始之前，可以用第二章末的创造力测试进行测试。七周活动完毕后，再次进行测试比对，看看有什么变化。

第一周　科学探索游戏：风在哪里

问题情境

在创客小镇花园里，甜心猫看到兔美美和卷卷羊拿着风筝，猪小胖拿着风车，都站在原地四处张望，好像在等什么。询问后才知道，它们都在等风。可是，风在哪里呢？它们看到什么就知道风来了呢？

"风"在哪儿呢？你能从图片中找到"风"吗？（见图 5-2、图 5-3）

图 5-2　风在哪里 1

图 5-3　风在哪里 2

回忆刮风时常见的现象，通过游戏积累经验，理解风与周围事物间的关系。

你能制造出"风"吗？风能让身边的事物动起来吗？

运用实物（小扇子）进行探索实验，积累经验。通过延伸的联想游戏，了解因果关系，发展发散思维。

学习准备

（1）一部智能手机或平板电脑，《风在哪里》动画资源二维码。

（2）图片《风在哪里》，画笔 1 支，小扇子（自备）。

（3）经验准备：引导孩子在日常生活中观察"风"，对于风能吹动树枝和自己带的围巾等现象有一定的观察和了解。

游戏过程

第一步，问题。

观看动画《情感窗》。

明确问题：创客小镇花园里的小动物们通过观察什么可以知道风来了？

给你的建议：引导孩子复述问题，培养孩子的表达能力，激发孩子的同理心及解决问题的动机。例如，可以问孩子："创客小镇花园里发生了什么？小动物们都在做什么？"

此过程主要为明确问题，激发孩子解决问题的动机，可与下一环节一同进行。

第二步，探索

观看动画《看一看》《找一找》。

经验梳理：仔细观察图 5-2，看一看从哪儿可以看出"风来了"。

提示：树枝、裙子、河水、风筝、风车、帽子……

给你的建议：引导孩子仔细观察场景图片，可逐一场景引导观察。例如，看一看小柳树在哪儿，树枝是什么样子的。理解风吹过时，事物的状态会有变化，从而可以知道风来了。

实物探索：

找一找：拿出小扇子扇一扇，能感觉到风吗？风可以使周围哪些东西动起来呢？

提示：薄的布制品（窗帘、床单、单衣等）、植物（细枝、叶子）、纸张、轻悬挂物（装饰吊穗、线、绳等）、羽毛、气球、盆中水……

给你的建议：可根据上述提示引导孩子探索，重点是让孩子通过自己动手制造风，在扇一扇、找一找的游戏中，感受风与身边事物的关系，建立新经验（成功经验与失败经验同等重要）。

可以问孩子："用小扇子扇一扇，能感觉到风吗？""小扇子还能扇起什么呢？它被扇起来时是什么样子呢？""这个东西没有被扇起来是什么原因呢？和风的大小有关吗？"

第三步，优化。

观看动画《想一想》。

情景联想，优化经验：

想一想：你还在哪里见过风呢？你是怎么知道有没有风的呢？

提示：帮助孩子梳理经验。

（1）轻的、没有被牢牢固定的物品会被"吹跑"，如花粉、帽子、叶子等；轻的、一端被牢牢固定的物品会被"吹起"，如柳条、旗帜、风筝等。

（2）重的物品会被"吹倒"，如立杆、立板等。

（3）可以"吹动"水上的物体，如小船、水中落叶等。

给你的建议：可借助情境启发孩子进行联想，如"风吹裙子会怎样呢？"开发孩子的联想能力，同时验证孩子是否已理解风与身边事物的关系。

第四步，展现。

观看动画《做一做》。

观察对比，巩固经验：

做一做：观察对比图 5-3 中有风和无风时的不同之处。将有风的图片上的圆圈涂上颜色，说一说在有风的图片上物品有什么变化。

提示：

（1）起风图：旗子飘起、云朵的方向与旗子飘动的方向一致。

（2）起风图：乌云遮住了太阳，伞面被吹反了，裙子被吹起，柳条被吹起。

给你的建议：

（1）引导孩子观察图片，说一说有风和无风的区别，如："两幅图哪里不一样呢？为什么会有这样的不同呢？"进一步理解风与事物之间的相互关系。

（2）与孩子一起制作小风车，到户外尝试让风车转动起来。

第五步，延伸应用。

观看动画《神秘时刻》。

经验延伸：发现生活中风带给我们的便利，以及风给我们的生活造成的不便；想一想如何克服风给我们的生活造成的不便。

提示：

风的作用：吹散雾霾、吹动帆船等。

风的危害：台风、龙卷风会给人们带来灾难。

给你的建议：

（1）根据动画中出现的问题，可为孩子做一些延伸讲解，引导孩子理解风的作用。

（2）鼓励孩子继续运用已有经验解决生活中的问题。

延伸活动

游戏结束后，还可以利用其他时间与孩子玩一些延伸亲子游戏，以便加深感受，帮助孩子进一步提升相关能力点。

游戏 1：小纸船

准备一张方形纸、一盆水。和孩子一起按照图 5-4 所示要求折出一只小纸船，并将纸船放在水中。

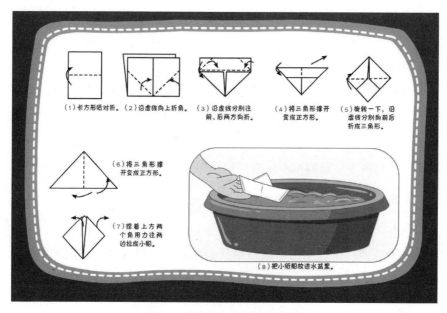

图 5-4 《小纸船》游戏操作单

想一想怎么能使纸船在水里游动起来。

整个过程中要鼓励孩子自主探索，引导孩子将本次游戏中学到的经验运用到探索活动中。例如，用小扇子扇水面或小船，使小船游动；用嘴吹、用小风扇扇等方式使小船游动。

游戏 2：纸履带和纸环

准备一把尺子、一支铅笔、两张长条纸、一把剪刀、一个胶棒。根据图 5-5 所示要求完成纸履带和纸环。

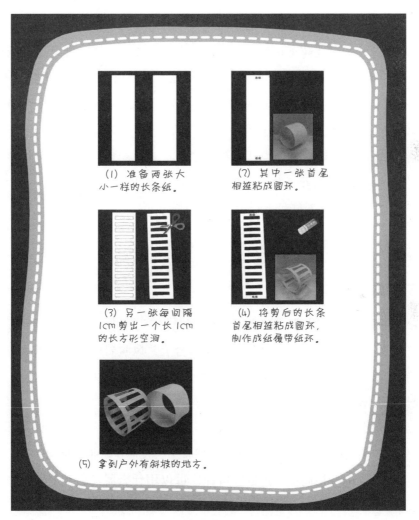

图 5-5 《纸履带和纸环》游戏操作单

有风的时候观察纸履带和纸环的运动情况。

说一说为什么它们会自己滚动起来。再比一比纸履带和纸环哪个"跑"得快，为什么？

程淮教授的话

对孩子来说，来无影去无踪的风是一种神奇的自然现象，但可以通过风所到之处环境的变化捕捉风。这便成为孩子探究自然现象中事物因果关系的最好素材。通过解决"风在哪里？"的问题，让孩子看一看、找一找、想一想，开展发散思维游戏；通过观察、联想和归纳"吹跑""吹起""吹倒""吹动"等现象，了解风的力量、对人们的益处和可能产生的灾害；通过做一做，尝试运用手中的小扇子制造风；通过延伸游戏制作纸船和纸履带，进而体验利用风资源的乐趣，完成"发现"世界和"改变"世界的科学探索过程。

第二周 思维启蒙游戏（一）：破碎的花瓶

问题情境

在创客乐园植物角，精美的陶瓷花瓶被打碎了，小动物们都十分难过。

现场的窗户开着，有只小猫站在窗台上，风吹着的窗帘在飘动，地上有只皮球，窗前的小椅子上有脚印……通过观察现场，小朋友们能发现什么线索呢？

快来推理一下花瓶破碎的原因吧！

引导孩子仔细观察分析，展开合理联想，发展逻辑推理能力。

为了让小动物们更好地欣赏鲜花，可以用什么器具替代易碎的陶瓷花瓶呢？

让孩子们积极想办法解决问题，将"坏事"变成"好事"，发展他们的逆向思维能力。

学习准备

（1）一部智能手机或平板电脑，《破碎的花瓶》动画资源二维码。

（2）图片《破碎的花瓶》（见图5-6），画笔1支（自备）。

图5-6　破碎的花瓶

（3）经验准备：孩子能理解事物的因果关系。

游戏过程

第一步，问题。

观看动画《情感窗》。

明确问题：创客乐园植物角的精美的玻璃花瓶被打碎了，是谁打碎的？

给你的建议：引导孩子复述问题，培养孩子的表达能力，激发孩子的同理心及解决问题的动机。如，可以问孩子："创客乐园里发生了什么？""小动物们怎么了？它们为什么那么难过？"

第二步，探索。

观看动画《看一看》《找一找》。

线索推理：

（1）仔细观察图 5-6，看一看教室中有什么变化。

提示：花瓶碎了，地上有皮球、发卡，窗户是打开的，等等。

（2）在图片中的现场找线索，展开推理。

提示：窗户是打开的，窗帘飘起来了，窗台上有小猫，窗外有小鸟，椅子上有脚印，地上有皮球和发卡。

可根据上述提示启发孩子思考，如："窗户是打开的，外面刮着风，会不会是风把花瓶吹倒了呢？""窗台上有小猫，会不会是小猫碰掉的呢？"……

给你的建议：引导孩子尽可能多地寻找线索，并根据线索大胆联想，进行推理游戏。

第三步，优化。

观看动画《想一想》。

思考解决方案：想一想为了让小动物们更好地欣赏鲜花，可以用什么器具替代易碎的陶瓷花瓶。

提示：空饮料瓶、竹筒、纸杯、茶叶罐、笔筒……

给你的建议：

（1）向孩子肯定兔美美勇于承认错误的行为，及时对孩子进行安全教育，强调踩在椅子上够高处的东西很危险，应该让老师或爸爸妈妈帮忙。

（2）鼓励孩子大胆展开联想，体会解决问题的快乐。

第四步，展现。

观看动画《说一说》。

感受解决问题的快乐：让孩子说一说对于兔美美勇于承认错误的行为，自己有哪些感受，应该向兔美美学习什么。

提示：

（1）引导孩子感受兔美美勇敢承认错误后，积极解决问题的态度。例如，可以问孩子："兔美美承认错误后，猫老师说了什么？""找到了花瓶破碎的原因后，兔美美又做了什么？"

（2）有了不怕碎的花瓶，小动物们就可以近距离欣赏鲜花了，"坏事"变"好事"。

例如，虽然好看的陶瓷花瓶被打碎了很可惜，但是兔美美用塑料水瓶代替了花瓶，小动物们可以近距离欣赏花了，也没有了对打碎花瓶的担忧，将"坏事"变成"好事"了。

给你的建议：

（1）鼓励孩子在生活中犯了错误要勇敢承认，并想办法补救，培养解决问题的逆向思维，让"坏事"变"好事"。

（2）活动后收集孩子所有创意需要的材料，并展现出来。

第五步，延伸应用。

观看动画《神秘时刻》。

能力延伸应用：引导孩子参与问题的情节观察、推理以及问题解决的过程，通过推理找到吃了爷爷蛋糕的小动物，并想办法补救。

提示：

（1）猪小胖嘴边和身上粘着蛋糕，说明是猪小胖偷吃了蛋糕。

（2）从把"坏事"变"好事"的角度思考解决方案。例如，蛋糕缺了一块，不美观了，怎么能把这个蛋糕"修复"呢？能不能加一些东西？加什么更合适呢？兔爷爷会喜欢什么呢？

给你的建议：观察孩子延伸应用的情况，评估孩子是否具备了依据线索推理的能力，以及将"坏事"变"好事"的逆向思维能力，即其创意是否让原来的蛋糕变得更好或给兔爷爷带来更大的惊喜。

延伸活动

游戏 1：造句游戏

和孩子一起观察图 5-7，玩"如果……就会……"的游戏，看看孩子能有多少不同凡响的创意。

图 5-7　造句游戏

游戏 2：污迹画

一幅美丽的风景画被滴上了一滴墨水,整个画面被破坏了(见图 5-8)。让孩子把污迹巧妙地融合在画面中，使画面变得更有趣。

图 5-8 污迹画

程淮教授的话

创造性地解决问题不仅需要聚合思维、发散思维，还需要难能可贵的逆向思维。在本探索活动中，可让孩子通过情景观察发现事物之间的联系，这是以结果推测花瓶破碎原因的聚合思维活动；尝试应用多种材料制作不怕碎的花瓶，锻炼的是发散思维。兔美美勇敢承认打碎花瓶的坦诚态度，培养了孩子诚实、正直的美德。动画中的《神秘时刻》引导孩子迁移所习得的新经验，通过对细节的观察和推理，孩子找到了答案。同时体验到，只要运用逆向思维，"坏事"也可以变为"好事"。

第三周　思维启蒙游戏（二）：甜心猫丢了什么

问题情境

甜心猫在公园中游玩时，不小心丢失了一件自己心爱的物品，十分难过。这件物品是圆圆的、小小的、红红的……

你能通过甜心猫的提示，帮她找到丢失的物品吗？我们一起到创客乐园里帮助甜心猫吧！

引导孩子体会条件叠加、逐步聚焦目标的过程。

学习准备

（1）一部智能手机或平板电脑，《甜心猫丢了什么》动画资源二维码。

（2）图片《甜心猫丢了什么》（见图 5-9），画笔 1 支（自备）。

（3）经验准备：孩子能辨别物品的形状、颜色、软硬、大小等。

游戏过程

第一步，问题。

观看动画《情感窗》。

明确问题：甜心猫在公园里丢失了什么？

给你的建议：引导孩子复述问题，培养孩子的表达能力，激发孩子的同理心及解决问题的动机。例如，可以问孩子："甜心猫为什么哭了呢？"

此过程的主要目标是明确问题，激发孩子解决问题的动机，可与下一环节一同进行。

图 5-9　《甜心猫丢了什么》操作单（详见附录 A-1 的彩页）

第二步，探索。

观看动画《看一看》《找一找》。

根据图 5-9 中的提示，寻找物品。

（1）找一找图中哪些物品是圆圆的、扁扁的。

提示：小扇子、棒棒糖、飞镖盘、喷泉池中的石子、小狗嘴里的飞盘、草丛里的扣子。

（2）找一找图中哪些物品是圆圆的、扁扁的、红红的。

提示：小扇子、喷泉池中的红石子、小狗嘴里的飞盘、草丛里的扣子。

在此过程中注意观察、记录孩子是否能准确地找到符合的物品，能找到多少种物品，用了多长时间。

（3）感受卷卷羊坚持不懈、乐于助人的良好品质。

给你的建议：

（1）引导孩子提前猜想甜心猫丢失的是什么物品，并说一说理由，提升孩子的直觉推理能力。

（2）当孩子在寻找物品时，注意随时提醒他关注物品的多方面的属性。例如，可以问孩子："我们找到的这个物品是不是圆圆的？是不是扁扁的？是不是红红的？"

第三步，优化。

观看动画《想一想》。

根据条件，展开联想：想一想生活中哪些物品是圆圆的、扁扁的、红红的、小小的、硬硬的。

提示：山楂片、小徽章、红色瓶盖、扣子、玩具汽车车轮、项链吊坠等。

给你的建议：

（1）帮助孩子回忆动画中提到的五个条件都有什么，引导孩子说一说他能想到什么，可适当举例启发孩子。此环节可帮助孩子优化综合信息，培养孩子的联想能力及条件推理能力。

（2）记录孩子能够说出几种符合条件的物品，用了多长时间，以便了解孩子思维的灵活性及联想能力。

第四步，展现。

观看动画《做一做》。

展现、回顾思考过程：根据图5-9中左侧提示的要求，将按三个条件找到的物品标注出来，展现整个思维过程，感受条件叠加后准确找到物品的快乐。

提示：

（1）先观察左侧"任务栏"中的要求，理解要求：圆圆的、扁扁的物品用"三角形"圈出；圆圆的、扁扁的、红红的物品用"方形"圈出；圆圆的、扁扁的、红红的、小小的、硬硬的物品用"圆形"圈出。

（2）逐步圈出的物品应是相同的（重合的），并且越来越少，如草丛里的扣子，三个条件中都有，逐步聚焦，最终确定失物。

给你的建议：引导孩子发现完整地观察事物的方法（显微镜式观察法）：从上向下；先从左向右，再往下，接着从右向左；以此类推，逐渐观察（见图5-10）。注意引导孩子体会在条件叠加的过程中，准确找到物品的快乐。

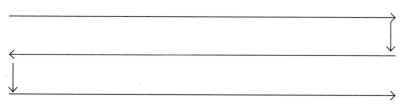

图 5-10　显微镜式观察法

第五步，延伸应用。

观看动画《神秘时刻》。

能力延伸应用：观看动画，根据给出的条件找到"钱包"的失主。

给你的建议：

（1）引导孩子边看动画中的图像边依据线索进行指认，并在指认过程中逐步排除干扰，聚焦钱包的失主，建立语言与事物之间的联系。

（2）引导孩子理解，当我们需要别人的帮助时，一定要尽可能详细地说清楚我们的需求，或是物品的特征；在帮助别人时，也一定要先问清楚，有了明确的目标再去做，就会省时又省力。

延伸活动

游戏1：亲子阅读《小蝌蚪找妈妈》

建立语言和事物之间的联系，感受通过语言逐步获取更多已知条件后找到目标的乐趣。你可以和孩子在共同阅读后进行讨论。

例如，可以问孩子："第一个碰到的鸭妈妈说小蝌蚪的妈妈是什么样子？它们根据这个线索找到了谁？""大头鱼有两只大眼睛，嘴巴又阔又大，但不是小蝌蚪的妈妈，小蝌蚪的妈妈还有什么特征呢？""为什么小蝌蚪的妈妈和小蝌蚪长得不像呢？"

游戏 2：六面拼图

将附录 A-2 至附录 A-7 的六面体制作素材按说明折成六个小方块（小方块的六面是六个小动物身体的一部分），引导孩子观察每一个方块上都有什么图案，并依据创客乐园中小动物的形象，判断每一块拼图是它们身体的哪一部分，再进行组合拼摆，掌握局部与整体的关系（见图 5-11）。

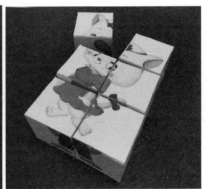

图 5-11　六面拼图完成示例

游戏 3：我说你猜

和孩子一起玩猜物游戏，发展孩子的语言理解能力及推理能力。

出题方先给出一个类型范围，如"这是一种水果"，猜题方有 5 次机会进行提问，但出题方只会给出判断式回答。

例如，"这个水果是酸的吗？""不是。""这个水果的皮能吃吗？""能。"在家中找出一个物品，作为"宝物"，和孩子玩"寻宝游戏"。出题方通过不断增加线索，引导猜题方猜出答案。

例如，在"宝物"是手机时，可以说："这是一个方形的东西，它有点硬，它能亮……"可根据孩子的能力，设计提供线索的难易程度。

游戏4：谜语游戏

你还可以和孩子一起玩猜谜游戏，以提升孩子的语言联想力。

谜语一

有时圆又圆，

有时弯又弯，

有时晚上出来了，

有时晚上看不见。

（猜一自然现象）

谜语二

左边一个孔，

右边一个孔，

是香还是臭，

问它它最懂。

（猜一器官）

程淮教授的话

本活动与经典故事《小蝌蚪找妈妈》有异曲同工之妙。在词语联想和线索的叠加中，孩子逐步聚焦目标，找到失物，培养了孩子的记忆力、观察力、语言的理解力以及逻辑推理能力；同时，培养孩子坚持不懈、不怕困难的良好品格。神秘时刻中，物归原主的情节设计通过对语言的理解和辨别，帮助孩子感受语言的意义，以培养孩子拾金不昧的良好品德。

第四周　头脑风暴游戏（一）：一路畅通

问题情境

猪小胖盼望已久的木偶剧终于上映了。一家人开心地开车赶往剧场，可是路上却遇到了"堵车"，耽误了很长时间，错过了演出（见图5-12）……

图 5-12　《一路畅通》中的问题情境

城市里车多、路窄、出行时间集中，这导致堵车越来越严重。请你召开家庭头脑风暴会议，和孩子在巧思法的指导下，运用如下所述的"3W"问题解决法，试着解决这个问题吧！

- 是什么（what）：明确问题——堵车耽误了看演出。
- 为什么（why）：分析原因——车多、路窄、出行时间集中、不遵守交通规则等。
- 怎么办（how）：解决问题——根据交通拥堵的情况，给出自己的解决方案。

学习准备

（1）一部智能手机或平板电脑，《一路畅通》动画资源二维码。

（2）图片《一路畅通》创意展示参考（见图 5-13）。

（3）自备 A4 纸 1 张，画笔 1 支。

游戏过程

第一步，问题。

观看动画《情感窗》。

明确问题（是什么）：因为堵车，耽误了猪小胖一家看木偶剧。

给你的建议：引导孩子复述动画中猪小胖一家遇到的问题，感受猪小胖的心情，激发孩子解决问题的动机。

第二步，探索。

观看动画《为什么》《云端图书馆》。

分析原因（为什么）：

（1）讨论可能造成堵车的原因。

（2）观看《云端图书馆》，积累相关经验。

提示：车多、路窄、出行时间集中、不遵守交通规则等问题导致堵车。

给你的建议：

（1）引导孩子尽可能多地猜想可能造成堵车的原因，发展孩子的发散思维和归纳能力。

（2）要和孩子一同讨论，但不要急于给孩子答案，更不能否定孩子的答案，当孩子的答案与现实有较大出入时，可以问他："你是怎么想到的呢？"给孩子时间解释自己的答案。

（3）当孩子没有想法时，可以和孩子一起回忆曾经经历的堵车场景，或在和孩子一起认真观看动画《云端图书馆》后，帮助孩子总结，积累相关经验。

第三步，优化。

观看动画《头脑风暴》。

家庭头脑风暴游戏（怎么办）：全体家人在一起，运用头脑风暴的方式，讨论解决堵车问题的创意方案。

第一轮：直接头脑风暴。每位成员轮流说出自己的一个方案。

第二轮：质疑头脑风暴。可以就某一个成员的方案，大家先说出好的地方，再提出自己的疑问。

第三轮：优化头脑风暴。根据其他成员的建议和讨论，优化自己的方案。

提示：对应问题产生的原因，构思多种解决方案，如车多——设计先进的公共交通工具，减少车辆；路窄——考虑"垂直空间"（向上或向下），如已有的立交桥、隧道等；出行时间集中——错峰出行、时间调控管理器等。

给你的建议：

（1）此环节建议多些家庭成员参与，营造讨论的氛围，激发更多的创意。

（2）提出质疑时应注意：要先说出别人方案好的地方，再提出疑问。

（3）所提出的疑问应该是能够完善或优化创意的，或是指出创意中不合理或难以实现的问题，以便进行优化思考。

第四步，展现。

观看动画《创意展示》《神秘时刻》。

创意展示：用图画的形式展示自己的创意方案；也可以用搭积木、手工制作等多种形式进行创意表达。

图 5-13 《一路畅通》创意展示参考

给你的建议：引导孩子尽可能详细地将自己的方案画出来，培养孩子思维的精密性。

优秀创意分享：通过观看动画《神秘时刻》，欣赏他人的创意作品，共同学习。

给你的建议：与孩子讨论此创意好的地方（如充分利用垂直空间）及优化的建议。

141

第五步，创意实施。

支持孩子将自己的创意实现或制作出来，如制作海报，宣讲绿色出行、设计行车路线模型等。

延伸活动

游戏结束后，你还可以利用其他时间，与孩子玩一些延伸亲子游戏，使孩子加深感受，帮助孩子进一步提升相关能力。

游戏：规划出行路线

合理地规划出行路线，选择合适的通行道路，也能避免堵车。请根据要求完成图 5-14 所示的《寻找回家的路》。

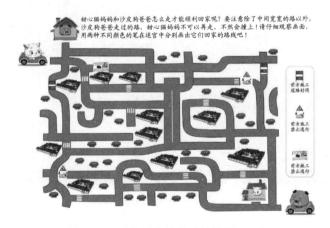

图 5-14　寻找回家的路（见附录 A-8）

程淮教授的话

本游戏活动的设计目的是通过尝试解决城市堵车的问题，引导孩子在团队合作中学会头脑风暴游戏法，创造性地解决问题。头脑风暴游戏法的实施通常有三个步骤，即提出问题—探究解决—创意展示；五个环节，即明确和分析问题—直接头脑风暴—质疑头脑风暴—优化头脑风暴—

成果分享，实现一题多解、一解多果、一果多表（多种表达）。游戏将发散思维和聚合思维相结合，逻辑思维和直觉思维相统一，质疑批判与建议创意相融合，形成了比较系统的结构化的问题解决方法，以培养孩子们的团体创造力。

第五周 头脑风暴游戏（二）：缺水的地球

问题情境

小动物们在丛林中探险时穿越到了 2055 年（见图 5-15），见到了未来的自己。而这里因为淡水紧缺，人们没有水喝，身体出现了很多不好的症状……

图 5-15 缺水的地球

地球淡水紧缺会严重影响人们的生活，我们有解决这个问题的方法吗？

让我们运用"3W"问题解决法，试着解决这个问题吧！

是什么（what）：明确问题——未来地球上淡水资源缺乏，很多人没有水喝。

为什么（why）：分析原因——地球上淡水总量少，生活中需要用水的地方很多，缺乏节约意识造成浪费、违规排污污染水源等多种因素导致地球上淡水资源紧缺。

怎么办（how）：解决问题——解决地球淡水紧缺的问题。

学习准备

（1）一部智能手机或平板电脑，《缺水的地球》动画资源二维码。

（2）自备 A4 纸 1 张，画笔 1 支。

游戏过程

第一步，问题。

观看动画《情感窗》。

明确问题（是什么）：未来世界缺少淡水资源，很多人喝不到水。

给你的建议：引导孩子体会动画中小动物们没有水喝的心情，如可以问孩子："当你口渴的时候会怎么样呢？"猜想没有水喝的原因（此环节可与下一环节同时进行）。

第二步，探索。

观看动画《为什么》《云端图书馆》。

分析原因（为什么）：

（1）讨论未来地球缺少淡水资源的原因。

（2）观看动画《云端图书馆》，积累相关经验。

提示：地球上淡水总量少，生活中需要用水的地方很多，缺乏节约意识造成浪费、违规排污污染水源等多种因素导致地球上淡水资源紧缺。

给你的建议：

（1）引导孩子尽可能多地找出造成地球上淡水资源紧缺的原因，发展孩子的发散思维。

（2）要和孩子一同讨论，但不要急于给孩子答案，更不能否定孩子的答案。当孩子的答案与现实有较大出入时，可以问孩子："你是怎么想到的呢？"给孩子时间解释自己的答案。

（3）游戏前或游戏后，可在家中购置一些相关科普书籍，如地球探秘类、保护环境类的书籍，帮助孩子积累相关经验，扩展知识储备。

第三步，优化。

观看动画《头脑风暴》。

家庭头脑风暴游戏（怎么办）：可围绕如何节约用水，提出自己的创意方案。

第一步：头脑风暴。根据自己的日常观察，运用头脑风暴的方式（提出方案、相互"质疑"、优化方案），讨论节约用水的方案。

提示：哪些水可以循环利用？哪些水可以减少用量？哪些方法能控制水量？

第二步：实验探索。找一找家庭生活中需要用水的地方，并记录用水量，对自己提出的节水方案是否能节约水进行实践。

提示：

（1）记录。用水量可用小脸盆、小桶记录，更利于孩子直观感受。但需要注意，所有用水量记录需要统一记录工具，以便帮助孩子比较用水量的多少。例如，用洗手用水"1小桶"、洗水果用水"2小桶"、洗澡用水"20小桶"（可用大盆接水后，再用小桶测量）等形式，统计家中一天的用水量。

（2）实验。将自己的方案进行实践，并记录节水情况。例如，洗手、洗澡使用洗涤用品时，应关上水再擦洗身体；洗过手的水可以冲马桶；

淘米水用来浇花；等等。比较家中用水量与之前的差别，验证自己的节水创意是否有效。

给你的建议：除节约用水方面的解决方案，你也可针对其他导致水资源缺乏的原因，引导孩子构思新方案。例如，淡水少、海水多——可以考虑将海水转化为淡水方面的方案；污染问题——可以考虑淡水资源保护与污水净化等方面的方案。方案尽可能独特新颖，可解决实际问题。

第四步，展现。

观看动画《创意展示》《神秘时刻》。

创意展示：选择自己喜欢的方式，展示自己的创意方案。

提示：可鼓励孩子选择宣传海报、节水说明书等，可用公开宣传展示的方式进行设计。

给你的建议：支持孩子了解、掌握更多展现形式，丰富孩子的表达方式，如学习制作宣传海报（见图5-16）。

图5-16　《缺水的地球》创意展示参考

（1）海报的意义和作用：什么样的内容适合用海报展示？为什么要

用海报展示?

（2）海报需要的材料：纸张的选择，尺寸大一些方便看，在户外展示的要选择防水材质（可通过探索海报纸与其他纸的不同，引导孩子总结发现）。

（3）海报的形式:怎样增加海报的吸引力? 有什么特殊的内容要求（标题醒目、图文并茂等）?

优秀创意分享：通过观看动画《神秘时刻》欣赏他人的创意作品，共同学习。

给你的建议：可与孩子讨论此创意好的地方（如：过滤转化增加淡水资源），鼓励孩子为此创意提出优化建议。

第五步，延伸应用。

实施创意：支持孩子将自己的创意运用于日常生活或进行推广，如宣讲节约用水常识、实施节约用水计划等。

延伸活动

游戏结束后，你还可以利用其他时间与孩子玩一些延伸亲子游戏，以使孩子加深感受，帮助孩子进一步提升相关能力。

（1）用水计划。和孩子一同制订家庭用水计划，养成节约用水的好习惯。

① 了解家庭生活中需要用水的项目，并记录一天的用水量。

② 设计节水计划，并连续一周记录家庭用水量，对比每日不同，并简单记录原因。

③ 结合实际情况，制订一日用水计划和用水量。

（2）宣传海报。和孩子一同设计节水宣传海报,并利用社区或幼儿园、学校等公共宣传栏进行宣传。鼓励孩子向邻居或小伙伴宣传自己的方案，邀请更多人加入节水行动;同时，收集大家的使用反馈，优化自己的方案。

程准教授的话

水是生命之源，节约用水是每个人的义务和责任。小朋友们作为地球未来的主人，更应该重视地球淡水资源紧缺的现状。本游戏同样运用头脑风暴游戏法，使孩子了解人们的生活与自然环境的密切关系，提高保护环境的意识，并尝试提出地球淡水资源紧缺问题的解决方案。

第六周　优选思维游戏：杂乱的房间

问题情境

生活中，我们常常会遇到两难问题难以抉择。运用"优选思维"思考，能帮助孩子跳出两难选择的思维困境，找到最优解决方案。本周游戏内容分为两个部分，预计总用时 45 ～ 60 分钟。

猪小胖房间里东西太多，房间有些乱。妈妈提议猪小胖扔掉一些东西，可是这些东西都是猪小胖要用的，他舍不得。扔掉一些物品舍不得，把物品全都保留下来屋里又太乱，猪小胖应该怎么选择呢？

巧思板是分析两难问题、养成优选习惯的重要工具。

只有引导孩子运用巧思板明确优选方向，才能跳出传统的两难问题选择的思维困境。

通过优选思维游戏，让孩子探索并发现巧思魔法（创新技法），巧用空间法解决活动空间与活动需求不匹配这类问题，帮助孩子搭建优化解决某类问题的"经验桥"。

学习准备

（1）一部智能手机或平板电脑，《杂乱的房间》动画资源二维码。

（2）见本书附录中彩页巧思板（附录 A–9）、情境卡（附录 A–10、附录 A–11），黑白页《杂乱的房间》

操作材料（附录 A–12），画笔 1 支（自备）。

游戏过程

第一步，问题。

观看动画《情感窗》。

体会两难问题：猪小胖房间里东西太多，房间有些乱。妈妈提议猪小胖扔掉一些东西，可是这些东西都是猪小胖平时要用的，或是朋友送给他的有纪念意义的东西，他舍不得。

给你的建议：引导孩子体会动画中猪小胖纠结的心情，例如可以问孩子："猪妈妈为什么让猪小胖扔一些物品呢？""猪小胖为什么不愿意扔呢？"体验面临两难选择的感受。

第二步，探索。

观看动画《认识巧思板》《观察情境卡》《矛盾分析》《明确优选解》。

认识巧思板：观察巧思板（见图 5–17），猜想、推理巧思板的使用方法。

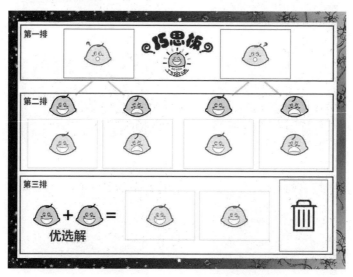

图 5–17　巧思板——巧思法使用图解（见附录 A–9）

提示：巧思板操作部分分为三排。

第一排：两难选择。两个方格中，小Q头上各有一个问号，代表两难问题的两个选择。

第二排：矛盾分析。在两个选择下，分出四个方格，标有小Q的笑脸和哭脸，代表两个选择各自的优缺点。

第三排：明确"优选解"。两个选择的优点相加，即小Q的"笑脸＋笑脸"＝"优选解"。

"笑脸＋笑脸"是"既要……又要……"的优选解方向，而缺点卡则放进垃圾筒。

观察情境卡：观察画面，理解画面内容，尝试寻找卡片间的联系（见图5-18，每个选择都有各自的优缺点）。

图5-18 《杂乱的房间》情境卡（彩色情境卡见附录A-10、附录A-11）

提示：观察猪小胖的表情及周围物品的变化，分辨卡片。

（1）情境卡分两类：一类是选择卡（两张蓝色的卡），代表两种选择；一类是优点卡和缺点卡（均为粉色），其中笑脸为优点卡，哭脸为缺点卡（情境卡的背面有标识）。

（2）每个选择都有一个优点和一个缺点（一分为二），根据选择卡，可以找到它的优点卡和缺点卡。

分析矛盾，寻找"优选解"：

（1）运用情境卡与巧思板，进行两难问题分析，明确矛盾，寻找优选解。

（2）观看动画《明确优选解》，确认"优选解"。

提示：

两个选择：①把物品全部留下来；②扔掉一些物品。

优选解——既能满足随时使用的需要，又能使室内整洁，活动空间大。

给你的建议：

（1）引导孩子充分观察巧思板和情境卡，让孩子自己"发现"巧思板和情境卡的用途，而不是直接告诉他巧思板的用法。可以从第一排的两种选择开始，鼓励他仔细观察巧思板上两个选择卡的位置，大胆说出自己的理解，例如，可以问孩子："你看看巧思板上都有什么？你觉得这里要放什么？""你觉得这个卡片上的画面（图案）是什么意思呢？""你为什么这么想？"可逐排观察分析，发展孩子的观察分析和推理能力。

（2）引导孩子体会巧思板的作用，梳理两难问题的矛盾冲突，体验如何"一分为二"和"合二为一"地"辩证"分析问题。

在明确"优选解"的过程中，引导孩子跳出两难选择的思维困境，培养孩子的"优选思维"。例如，可以问孩子："每个选择都有优点和缺点，都不是最好的选择，有没有只要优点不要缺点的好办法呢？"

此部分结束后，你可延用第四周"头脑风暴游戏"的方式，和孩子一同开展针对"优选解"的自主探索活动。完成创意方案后，再与孩子一同进行下面的活动。

第三步，优化。

观看动画《优化探索方案》。

学习、了解他人方案：了解其他小动物们想到的能够达到"优选解"的方案。

提示：分类整理物品；收起闲置物品。

探索优化方案：

（1）在图 5-19 的《杂乱的房间》操作单 1 上，通过连线的方式，将物品进行分类，帮助小动物们优化它们的探索方案。

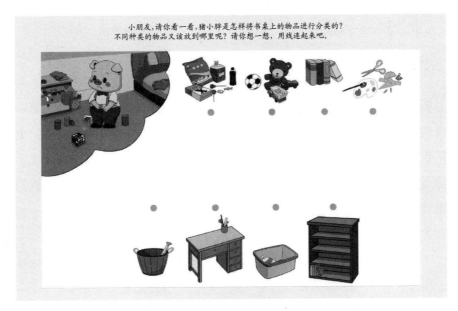

图 5-19 《杂乱的房间》操作单 1

提示：书——书柜，玩具——玩具框，文具——书桌，零食——零食箱。

（2）将附录 A–12《杂乱的房间》操作材料（a）的物品剪切下来，在图 5–20《杂乱的房间》操作单 2 上合理排放物品，使抽屉可以"关上"。

提示：探索多种拼摆方式（第一排放蜡笔或胶棒和剪刀，第二排其他自由安排，书靠第二排最右或最左摆放……）

图 5–20　《杂乱的房间》操作单 2

（3）将附录 A–12《杂乱的房间》操作材料（b）的各种"箱子"剪切下来，粘贴到图 5–21《杂乱的房间》操作单 3 上合适的地方。

提示：关注垂直空间的利用，如床下、书桌下、床头柜下、柜子上等。

给你的建议：

（1）引导孩子观察操作单，尽可能独立完成操作任务。

（2）如孩子在操作中遇到困难，可适当加以引导与鼓励。例如，可以对孩子说："如果我们把图书（梯形图案）放在抽屉的右下角，你看看其他物品可以放在哪里。""这三个箱子还没有地方放呢，你快帮猪小胖想一想应该放到哪里。""我们家的一些箱子应该放在哪儿呢？"

请你想一想，左图中猪小胖旁边的三个箱子应该放到哪里，既方便使用又能不占用室内的活动空间呢？请在"操作材料"中找到这三个箱子，摆在合适的地方吧！

图 5-21 《杂乱的房间》操作单 3

第四步，展现。

观看动画《优化经验》。

展示分享方案：

（1）说一说在完成操作单时有什么发现。

（2）观看动画，体会合理安排水平空间与尝试利用垂直空间给自己的生活带来的便利。

（3）为"巧思魔法"（创新技法）命名。

给你的建议：引导孩子说一说在操作中的感受，如，可以问孩子："为什么你安排的物品能让抽屉关上呢？""为了扩大家里的活动空间，我们还可以利用哪里的空间放置物品呢？"

第五步，技法延伸应用。

观看动画《技法延伸》。

技法延伸应用：

（1）观看动画，扩展对创新技法（巧用空间法）的了解，如在立交桥、家具改造（隐形床、沙发床等）方面的应用。

（2）想一想巧用空间法还能用在哪里，可以优化吗？

给你的建议：

（1）日常生活中，注意引导孩子关注事物间的联系与规律，试着积累一些可以解决很多问题的方法，如组合法（将常用的物品或需要连贯使用的物品组合在一起，如带橡皮的铅笔）、材料替换法（从替换材料的角度思考解决问题的方法）等。

（2）鼓励孩子将自己的创意方案用巧思法呈现出来，注意优化实施方案中的经验，引导孩子根据自己的兴趣选择合适的个性化的展现方案，并将方案延伸应用于生活中，如自己整理柜子等。

延伸活动

游戏结束后，你还可以利用其他时间，与孩子玩一些延伸亲子游戏，以便使孩子加深感受，帮助孩子进一步提升相关能力。

小小整理师

游戏后，引导孩子整理自己的物品，鼓励孩子将游戏中掌握的方法运用在生活中；同时，培养孩子的自主意识，发展孩子的自理能力。

在整理中，你可以引导孩子按如下步骤做。

（1）将物品进行分类：按类别分类（如拼插玩具、手工工具、毛绒玩具、学习用具等）；按活动场所分类（如在固定游戏区使用的、在学习桌前使用的等）；按使用频率分类（常用的、不常用的、在特定时间或季节才会用到的等）。

（2）根据物品的大小、性质和使用场景，选择合适的收纳工具，如柜子、箱子、架子等。

（3）根据自己的使用习惯整理物品，同时可以思考：怎么收纳方便取放？怎么摆放显得整洁？暂时用不到的物品存放在哪里不浪费空间？怎么能记住暂时不用的物品都放在哪里了？

有研究表明，4 岁左右是儿童养成整理自己物品和玩具的好习惯的敏感期，一旦养成好习惯，就会终身受益。

程淮教授的话

巧思法中的优选思维是用来解决令人纠结的各种两难问题的工具。《杂乱的房间》探索活动围绕着常见的整理物品与安排空间的两难问题，引导孩子体验其中的两难情境，发现两难问题的矛盾，借助巧思板进行矛盾分析，寻找优选解，发展孩子的优选思维能力，体验"一分为二"和"合二为一"的东西方哲学融合的智慧。

第七周　自主探索游戏：我家的巧思游戏

提出问题

经过六周的游戏互动，相信你和孩子已经初步掌握了巧思法的五步学习法。本周你和孩子可以尝试将巧思法运用于解决孩子在生活中自己发现的问题，逐步形成运用巧思法创造性地解决问题的习惯，全面提升孩子的创新素养，使孩子学会自主学习。

学习准备

设立家庭"巧思角"，步骤如下。

（1）自制"问题箱"，把孩子每天提出的"为什么"，特别是"怎么办"的问题都记录下来，建立"问题库"。

（2）问题展示墙。可以在半个门板大小的墙面上贴上纸形成问题展示墙。问题展示墙可以分成 3 个部分：我发现的问题、问题产生的原因、我要解决的问题（通过对问题现象产生原因的分析，可以找到真正要解决的问题）。

（3）自制巧思板。两难问题可以直接使用巧思板进行分析，并找到"优选解"的解决方向。

（4）准备各类与问题相关的探索物品，如相关书籍，各种积木、益智玩具、自然物等制作材料以及有关的实验材料等。

（5）表达展现区。为孩子提供各类利于表达表现的工具，如画笔、画纸、表演材料等，以便孩子能将自己的创意以多元化的艺术形式展现出来，利于孩子的创意的表达，将孩子的创意作品展现出来。

（6）行动集锦区。鼓励孩子将自己的创意应用或实施于生活中，并将孩子的成果案例记录下来，可以采取各种方式展现。例如，在家中一固定区域展示孩子的成果；也可以制作行动影集，将在生活中实施的创意用照片的形式记录下来；等等。

准备"巧思探索记录册"，可以按照巧思法的五个环节指导孩子在其中记录整个探索过程。

这将开启孩子自主探索、解决问题的旅程，使孩子逐步成为一个创造性的问题解决者。

游戏过程

第一步，问题。

游戏内容：

（1）记录生活中孩子发现的问题，找到孩子最感兴趣的内容作为本周活动主题。

（2）分析问题产生的原因（需要提前收集与问题相关的信息，如上网查看信息或相关书籍、寻求专业人士帮助、了解并分析问题产生的原因）。

（3）明确要解决的真正问题。

教育建议：

（1）给予孩子足够的空间与信任，认真对待孩子提出或发现的任何问题，积极与孩子展开讨论。

（2）对于孩子提出的问题，不要着急给出答案，而是鼓励孩子进行探索，并给予物质或精神支持。

第二步，探索。

游戏内容：

（1）根据问题设计初步解决方案。

（2）根据方案进行验证实验，积累相关经验。

教育建议：

（1）鼓励孩子积极进行探索，并在"巧思角"中记录实验结果，梳理经验。

（2）需注意无论验证成功与否都要帮助孩子及时汇总经验，有时失败的经验会让孩子学到更多。

（3）为孩子提供丰富、充足的探索材料，切不可因怕麻烦而阻碍孩子的探索。

第三步，优化。

游戏内容：根据探索经验和他人建议，帮助孩子优化解决方案，以确保用"最优"的方式解决此问题。

教育建议：

（1）积极与孩子讨论他的创意解决方案，并提出具有启发性的问题或建议，鼓励孩子不断优化方案。

（2）切忌对孩子的方案"指手画脚"，将自己的想法强行加入孩子的创意中。

（3）在互动过程中要有意识地观察孩子的思维过程，思考下一步培养方案。

第四步，展现。

游戏内容：根据方案内容选择适宜的个性化的展现形式（如绘画、手工制作、创意故事、家庭戏剧表演、产品说明会等），在家里最好是亲子互动，并针对此展现形式展开调查，积极收集相关知识，积累经验。

运用适宜的展现形式将自己的最优问题解决方案展现出来。

教育建议：

（1）支持孩子了解多元化的展现形式，可以带孩子参观一些展览会、博物馆，观看演出、实验等，帮助孩子积累经验。

（2）注重孩子自主学习的过程，培养孩子主动思考、收集资料、积累经验、乐于展现的习惯，在这个过程中应注意以孩子为中心，家长仅提供支持并加以引导。

第五步，延伸应用。

游戏内容：

（1）设计推广应用的方案，使自己解决问题的"最优"方案可以得到应用与推广。

（2）根据应用推广中发现的问题，继续优化方案。

教育建议：鼓励孩子将自己的创意推荐给更多人使用，可以联系社区、幼儿园或学校等单位进行推广展示（如让孩子将根据自己的创意做成的海报张贴在小区宣传栏、发明装置放置在应用场景中、将创意发明/方案带到幼儿园或学校与同伴交流，家长通过专业机构将孩子的创意申请专利等），为孩子创建一个展示平台。

总之，巧思法以培养孩子的创造性思维和创造性人格为目的，以问题解决为线索，通过问题引发认知冲突，挑战孩子的思维，在具体生动的情境中以景激情、以情生疑，以疑启思、以思促行，引发孩子的情感参与、思维参与、行为参与和经验参与。孩子将在巧思法不同环节的自主学习中学会感知问题、明确问题、分析问题和解决问题。这种有结构、有支架、有系统的学习模式将使孩子成为有思想、有能力、会创新的问题解决者。

程淮教授的话

　　培养孩子发现身边需要解决的实际问题，帮助孩子"解决真问题，真解决问题"，更能激发孩子解决问题的动力，更需要运用"创新动力学"的方法。在整个过程中，孩子是学习的主体和活动的发起者。孩子通过观察生活中的事物或现象，主动自发地提出问题、分析问题和富有创造性地解决问题。在此过程中，孩子学会了提问与思考、质疑与解释、选择与决策、合作与探究、表达与分享，孩子是提出问题和解决问题的真正主人。在解决问题的过程中，家长与孩子相互合作，支持孩子的想法与愿望，倾听孩子的声音，珍视孩子的创意，尊重孩子无拘无束的想象力与创造力，与孩子同步成长。

学习效果评估

　　经过七周的学习，你的孩子的创新能力发生了什么变化呢？请扫描下面的二维码，再做一次创造性思维和创造性人格倾向测验，评估一下学习效果。

教育建议：

（1）可将课程中完成的作品在"儿童创客"线上创客秀中展示，让孩子看到自己的成就，起到正强化的作用。

（2）鼓励孩子展现、应用自己的创意，真正地解决问题，感受解决问题的快乐。

祝贺你和孩子顺利完成七周的巧思学习！此时，孩子巨大的创造潜能已顺利开启！如果你想让孩子的创新之路走得更加长远和稳健，可以扫描下方二维码注册成为"小小创客"，更加系统、全面地学习和运用巧思法，和所有热爱创新、有创意、希望创造力加强的朋友们一道，得到巧思创新教育专家团队的支持和指导，在创新人才发展的道路上共同成长！

如何使用儿童创客 App

小小创客，创意无限。儿童创客 App（见下面两个二维码）是专为孩子设计的创新教育信息服务端。其集多媒体动画、信息技术、AR 技术于一体，通过系列化、多元化的创新教育活动，帮助父母和孩子真正掌握巧思法，发展创造力。儿童创客 App 中的主要栏目包括创客秀、创客课堂、创客活动。

创客秀：记录孩子的创意，分享孩子的奇思妙想。父母通过"创客秀"平台把孩子的创意通过拍照、录音、视频功能进行记录、分享，享受美好的亲子时光。

创客课堂：AR 思维游戏互动，将创意思维游戏化，开发孩子的潜能。

创客活动：了解孩子创造力的相关资讯、新闻，让孩子展示自己的创意作品，给孩子提供了一个更大的展示平台。创客活动权威发布"中国娃娃好创意——十万个怎么办"儿童创意交流活动，助力孩子扩大体验，有助于使孩子未来成长为创新人才。

儿童创客小程序　　　　　小小创客 AR 体操

第六章

巧思法在儿童学习与发展五大领域及家园共育中的应用

巧思是一种思维方式，
是一种人格特征，
一种生活态度，
一种追求圆满的生活哲学。
它是上至解决国家争端、
下至化解家庭矛盾都需要的智慧。

——程淮

巧思法在儿童学习与发展五大领域中的应用及案例

常有老师问我，巧思法课程与教育部颁发的《幼儿园教育指导纲要（试行）》中幼儿的五大发展领域（健康、语言、社会、科学、艺术）有什么关系？巧思法能在五大领域中应用吗？我的回答是，巧思法作为创造性问题解决的方法论及课程，不仅设计了"巧思法"专项课程 96 个主题用以学习巧思法，而且作为一种普遍适用的创新方法论，完全可以作为一条主线在儿童五大领域发展中或在 STEAM（科学、技术、工程、艺术、数学）课程、创客课程中用以培养儿童的创新能力；还可以基于儿童日常生活、学习中遇到的各种问题，灵活地在衍生出的各种活动中得到有效应用。只要追随儿童感兴趣的有价值的问题，从儿童与环境的互动中，在问题解决的过程中，与儿童相互合作，支持儿童的想法与愿望，倾听儿童的声音，珍视儿童的创意，尊重儿童无拘无束的想象与创造力，就能与儿童共同成长。

下面就给老师及家长分享巧思法在儿童学习与发展五大领域中培养孩子的创新能力的一些案例，希望对你有启发。

健康领域：充分发挥创意运动游戏的作用

"各就位，预备——向后跑！"

有一天，大家正在幼儿园里讨论如何进行"微创新"。大班的孩子们正在户外做运动，我找了一组孩子来赛跑。孩子们排成一队后，我发出口令："各就位，预备——向后跑！"只见很多孩子都往前跑，跑了很远还停不下来。没有一个孩子往后跑（见图 6-1）。

第二次，我发出的口令是："各就位，预备——蹲下！"有的孩子跑了，有的孩子没跑，大家都觉得很好玩，哈哈大笑。后来我让其中的一位小朋友喊口令，这个孩子问我是不是怎么发令都行，我说那当然。这个孩子就发令："各就位，预备——爬！"这完全是求异思维。

图6-1 程淮教授和小朋友们一起玩"特别口令"

后来，孩子们发了各种各样的口令，不仅有"向前跑""向后跑"，还有"侧着身子爬"（赛螃蟹）、"倒着走""踮着脚尖往前走"等。这就是将运动能力的训练和发散性思维能力的培养融为一体的"微创新"游戏。

教育是为未来做准备的，是要"各就位，预备"的！在培养孩子为未来做准备的能力时，要让孩子在未来有多种可能时学会选择，而不是一根筋地往前跑。只有培养孩子的创造性思维，才能让孩子更好地适应未来。这种创意运动游戏不妨让你的孩子也试一试。

除了培养发散思维的创意运动游戏，家长和老师还可以创造出许多培养聚合思维和优选思维的创意运动游戏。例如，把纸上的游戏迁移到孩子的运动情境中来，如"走迷宫"，既可以锻炼孩子健康的体魄，又能够培养孩子的创新思维和创新人格。

语言领域：在阅读中培养创造力

《三只蝴蝶》新编

对于经典故事，我们可以采用"新创意阅读"的方式，来激发、培养孩子的创造力。

巧思法指导下的"新创意阅读"分为四个步骤：阅读并理解经典故事（对故事内涵的价值进行理解）—质疑经典故事（学会分析、提问、质疑）—创新经典故事（鼓励孩子针对问题提出创造性的解决方案）—表达创意故事（鼓励孩子用多种方式表达并行动）。

《三只蝴蝶》讲述了三只蝴蝶因团结友爱感动了太阳公公，从而摆脱困境的故事。

三 只 蝴 蝶

季 华

花园里有三只美丽的蝴蝶，一只是红色的，一只是黄色的，还有一只是白色的。它们天天在花园里一块儿跳舞、游戏，非常快乐。

有一天，它们正在草地上玩，突然下起了大雨。三只蝴蝶一同飞到红花那里，齐声向红花请求："红花姐姐，红花姐姐，大雨把我们的翅膀淋湿了，大雨把我们淋得发冷，让我们到你的叶子下避避雨吧！"红花说："红蝴蝶的颜色像我，请进来！黄蝴蝶、白蝴蝶别进来！"三只蝴蝶齐声说："我们三个好朋友，相亲相爱不分离；要来一起来，要走一起走。"

雨下得更大了。三只蝴蝶一同飞到黄花那里，齐声向黄花请求："黄花姐姐，黄花姐姐，大雨把我们的翅膀淋湿了，大雨把我们淋得发冷，让我们到你的叶子下避避雨吧！"黄花说："黄蝴蝶的颜色像我，请进来！红蝴蝶、白蝴蝶别进来！"三只蝴蝶齐声说："我们三个好朋友，相亲相爱不分离；要来一起来，要走一起走。"

三只蝴蝶一同飞到白花那里，齐声向白花请求："白花姐姐，白花姐姐，大雨把我们的翅膀淋湿了，大雨把我们淋得发冷，让我们到你的叶子下避避雨吧！"白花说："白蝴蝶的颜色像我，请进来！红蝴蝶、黄蝴蝶别进来！"三只蝴蝶齐声说："我们三个好朋友，相亲相爱不分离；要来一起来，要走一起走。"

三只蝴蝶在大雨中飞来飞去，找不着避雨的地方，真着急呀！可是它们谁也不愿意离开自己的朋友。这时候，太阳公公从云缝里看见了它们，连忙把空中的黑云赶走了。雨停了，天晴了，太阳把三只蝴蝶的翅膀晒干了。三只蝴蝶迎着太阳，又开始一起在花园里快乐地跳舞、游戏。

仔细品味故事情节，三只蝴蝶只顾讲"要来一起来，要走一起走"的"义气"，而缺少解决问题的智慧——有些"傻"：只注重过程，不重视结果；只注重团结友爱，不积极解决问题，这就为"新创意"提供了想象的空间。

下面以《三只蝴蝶》的故事为例，说明"新创意阅读"的学习模式和过程。

1. 阅读并理解经典故事

（1）首先陪孩子阅读《三只蝴蝶》绘本故事，了解故事发生的情景和主要内容。

（2）通过游戏、故事表演等方式，帮助孩子理解并学习"三只蝴蝶"在故事中团结友爱的精神，发展与同伴间相亲相爱的友情。

2. 质疑经典故事

（1）在了解《三只蝴蝶》的故事的基础上，引发孩子讨论：如果雨越下越大，太阳公公睡着了出不来了怎么办呢？

（2）引导孩子质疑三只蝴蝶只顾讲"要来一起来，要走一起走"的"义气"是否可行呢？

（3）引导孩子分析三只蝴蝶这种做法的优点与缺点。

3. 创新经典故事

（1）请孩子创编或续编《新三只蝴蝶》，说一说三只蝴蝶是怎样解决避雨问题的，鼓励孩子寻求多种解决方案。这将给孩子提供丰富的想象空间。最重要的是，要让孩子思考如何既传承团结友爱的核心价值，又能解决避雨的问题（优选思维）。

（2）讨论并分析孩子和他人的方案，并为三只蝴蝶找到最佳的快速避雨的方法。

（3）形成优化的问题解决方案：既团结友爱，又能解决避雨的问题。孩子们的解决方案有两种。

一种是不改变规则的解决方案：① 马上各自到与自己颜色相同的花下面避雨；② 在七色花下面避雨；③ 白蝴蝶和黄蝴蝶用触角吸收红花粉，将自己染成红蝴蝶，再一起在红花下面避雨。

另一种是改变规则的解决方案，具体如下。

说服白花，让三只蝴蝶都在其下面避雨："我们三只蝴蝶有三种颜色，您只有一种颜色（说明自己的优势和合作者的劣势），如果我们在您下面避雨，我们的颜色加在一起就变成了一朵五颜六色的花，您在百花丛中就是独一无二的最美丽的花了！"（未来的外交家、企业家的启蒙教育就是从此开始的！）

4. 表达创意方案

运用绘画、手工、戏剧表演等方式，将孩子自己的解决方案多元地展示出来。

社会领域：关注社会问题，参与问题解决

幸福泉幼儿园"世界水日"家园共育活动

问题：商业大片引人深思，在细节中培养节水意识。

每年的 3 月 22 日为"世界水日"。在"世界水日"到来之际，老师精心剪辑了电影《非诚勿扰 II》的女主人公打开水龙头洗手的片段，请孩子们观看。孩子们惊讶地发现，女主角打肥皂搓手时没有关水龙头，浪费了很多水。这与孩子们在幼儿园里洗手的规范完全不符。这样开着水龙头打肥皂会浪费多少水呢？孩子们开始了探索洗手时节约用水的过程（见图 6-2）。

图 6-2　观察洗手时打肥皂不关水龙头所浪费的水量

探索：动手实验，获得惊人数据。

孩子们体验了一次没有水的生活情景。刚刚结束户外活动，回来满头大汗，却发现饮水桶内没有水喝了，水管中没有水洗手了，厕所也没有水冲了，气味很难闻……哎呀，没有水的日子可真受不了！

孩子们开始做实验测量浪费的水量。

孩子们分成小组，一组用有刻度的大量杯测量洗手用的水量，一组用量杯测量打肥皂不关水龙头时流失的水量，一组统计打肥皂的时间和每人每天洗手的次数。在老师的帮助下，粗略计算后，他们得出了这样的结论：打肥皂搓手时不关水龙头，每人每次将浪费 900 毫升水，竟占一次洗手用水量的 70%！若按中国 14 亿人口、每人每天洗手 10 次计算，一年将浪费约 126 亿立方米水资源，相当于 1223 个西湖的蓄水量。这数据太惊人了！

怎么解决洗手时浪费水的问题呢？

孩子们纷纷提出自己的想法，并进一步实验。他们惊喜地发现，仅仅"关上水龙头拿肥皂"这一个简单的动作，比"打肥皂不关水龙头"洗手节约 900 毫升水，相当于近两瓶普通矿泉水的水量，每人一天就能节约 1 箱水。在缺水地区，这一箱水该有多么珍贵呀！

优化：提升已有经验，形成节水意识。

我们的生活离不开水——渴了需要喝水，生活中处处都要用水。

不注意小细节就会造成大浪费——打肥皂搓手时不关水龙头，每人每次将浪费 900 毫升水。

节约用水并不难——"关上水龙头拿肥皂"很容易做到。

展示：为节约用水创编《洗手歌》。

节约用水太重要了！孩子们把自己的节水感受画出来，并在"节约一滴水，幸福千万人"的条幅上签上自己的名字。他们还一起创编了《洗手歌》："开小水，冲湿手，关上龙头拿肥皂。肥皂搓两下，手心、手背、手指、手腕全搓到。开小水，冲干净，关上龙头甩三下，一、二、三！"可别小看这孩子们自编的《洗手歌》，其中不仅蕴含了节约用水的大道理，而且容易唱诵，容易传播。

行动：小手拉大手，一起来节水。

仅孩子们节约用水远远不够，他们还需要把自己的发现告诉更多的人，大家一起节水才行。2011 年 3 月 22 日，在第 19 个世界水日，北京市西城区幸福泉幼儿园开展了以"节约一滴水，幸福千万人"为主题的家长开放日活动。孩子们把自己的探索和发现展示给家长，引起了家长的极大共鸣。

后来，孩子们纷纷当起家里的"节水小能手"，监督家长节约用水；还制作了许多节约用水的宣传标志牌，送给小区里的邻居们，号召大家一起节约用水。

未来社交模式："想象交换仪"使沟通更便捷

儿童社会领域的学习与发展主要包括人际交往与社会适应。在未来的智能化时代，人际交往会有什么创新的模式和发展变化呢？面对冰冷的机器人，人们更渴望温暖的人际交往模式。孩子们在讨论怎样团结友爱、和谐相处时，6 岁的李诗语萌发出这样的创意："有时候小朋友在想什么我都不知道，我想发明一种'想象交换仪'，像帽子一样戴在每个人头上，把每个人的脑袋都连接起来，只要打开这个机器，我就能知道其他小朋友在想什么，大家就能成为更好的朋友了（见图 6-3）。"

图 6-3　儿童创意作品"想象交换仪"

如果可以通过机器进行非语言交流，使人与人之间的沟通更加便捷，那么人与人之间的关系将会变得更加友好。我想，在"脑联网"时代，这些都会变成现实。我们相信，无论未来世界如何变化，在现实和虚拟的空间，都会流淌着那份积累了万年的人类的爱的情感，那种灼热的人类精神的温暖永远不会消散。

儿童天马行空的想象力往往能带给科学家和发明家很大启发。例如，法国医师雷奈克因注意到孩子们用石头敲击木板玩而发明了听诊器；利珀希听到孩子说无意中把两块透镜放在一起发现了远处物体的变化而发明了望远镜。

科学领域：发扬科学探究精神，创造性地解决问题

"种植区"是孩子们很喜欢的区域，孩子们通过讨论决定种植油菜。小油菜一天天长大了，孩子们如获至宝，一有时间就嚷嚷着要去菜地。

一天早饭后，孩子们又像往常一样来到菜地，给小油菜浇水。突然，文轩大叫起来："菜叶上面为什么有这么多小洞洞？"（见图 6-4）所有的孩子都紧张起来，要知道小油菜可是他们的宝贝啊！于是大家都蹲下来仔细观察，真的发现菜叶上有很多小洞洞。

图 6-4 孩子们在"种植园"发现菜叶上有很多洞洞

在每周一问的活动中，"菜叶上的洞洞是怎么形成的"成了大家最关注的问题。遇到问题，孩子们的第一反应就是进行头脑风暴游戏，他们使用巧思活动中常用的"3W——是什么（what）、为什么（why）、怎么办（how）"方法来解决问题。

1. 是什么——菜叶上的洞洞是什么？

菜叶上的洞洞究竟是什么？孩子们开始讨论起来。

月月说："是不是太阳晒的？"

小池说："我觉得是下雨淋的。"

长泽说："这应该是小虫子吃了咱们的菜，把菜都咬出洞了。"

回班后，老师和孩子们查阅了各种情况下的菜叶图片和相关书籍，经过讨论，孩子们确定菜叶上是虫洞。

2. 为什么——为什么会有虫洞呢？

接下来孩子们又进入了"为什么"的讨论环节。

多多说："我们应该去菜地里找找，看看是什么虫子把咱们的菜叶都给咬坏了。"

于是孩子们带着问题来到菜地，他们迫不及待地扒开菜叶仔细寻找。

有孩子说："你们看，菜地里有许多蚂蚁，虫洞是不是蚂蚁咬的？"红红说："我看到一种小虫子趴在菜叶上，但我不认识它，不知道它叫什么。"孩子们顿时担心起来，小虫子会不会把菜叶全部吃掉呢？

琳琳问老师："您有什么好主意吗？"

老师说："孩子们，别着急，我们一起去寻找答案、想办法。"

一诺说："我可以回家问问爸爸妈妈。"

豆豆说："我可以上网查资料。"

于是，当天我给孩子们布置了一个任务，回家后请爸爸妈妈帮忙查阅资料，看一看菜地里的到底是什么虫子。

（1）查阅资料，分析问题。第二天早上，孩子们来到幼儿园后，就迫不及待地告诉老师是什么虫子把菜叶咬出了洞洞。老师被孩子们这种主动探索的精神感动了。

大家开始了第二次讨论。首先，他们查阅了班级图书区的图书。之后，他们观看了布布妈妈发在班级群中的图片，知道了原来是蚜虫在吃青菜。而蚂蚁喜欢吃蚜虫排泄的粪便。

孩子们经查阅资料知道是蚜虫后，提议再去菜地看看。来到菜地，孩子们果然发现了图片中的蚜虫。看到蚜虫的一瞬间，孩子们都沸腾了：这么多蚜虫可怎么办呀？

老师鼓励说："平时巧思课上遇到那么多难题，你们都能通过努力解决，这次也没问题。"

依然说："咱们用农药杀虫子吧。"

琳琳马上反对："我妈妈说过，农药是有毒的，喷了农药的青菜，人吃了会中毒。"

（2）利用巧思板解决两难问题。用农药杀虫会伤害食用者的身体，不用农药杀虫菜叶会被全部吃光，怎么解决这个两难问题呢？老师建议孩子们用巧思板解决这个问题。

回到教室里，老师把巧思板搬上黑板，指导孩子们说："咱们有两种选择，一种是使用农药，一种是不使用农药，这两种方法都有它的优点和缺点。请大家分别画出使用农药和不使用农药的优点与缺点，并尝试在巧思板上操作。"

（3）分析并确立优选解。操作完成后，老师又请大家把描绘出的优点和缺点粘贴在黑板上，共同讨论分析（见图6-5）。

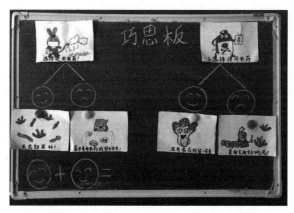

图6-5 孩子们利用巧思板分析并确立优选解

老师说：你们想要得到的最好的解决办法是什么？

月月说："不用农药，还能杀死所有的虫子。"

豆豆说："菜没有毒，人吃了健康。"其他小朋友也说出了自己的看法。

老师告诉孩子们："你们说的就是你们能画出的优点，咱们把优点都贴在一起，看看有没有没说到的。"

孩子们把所有的优点都贴在一起，观察后，文轩说："咱们要做一种没有毒的药水儿。"

西西说："药水最好能杀死所有的虫子。"

老师对孩子们说："你们刚才说的就是这个问题的优化解决方案，也叫优选解，咱们来总结一下优选解。"大家经过总结提炼，得出的优选解就是"既要灭虫效果好，又要无毒无害"。

3. 怎么办——怎样才能既保证灭虫效果好又安全？

（1）提出创意。

多多说："怎么才能做到既要灭虫效果好，还没有农药残留呢？"

一诺说："我们可以用手去抓它呀！"

长泽质疑："那么多虫子咱们是抓不干净的。"

琳琳说："我可不敢用手去抓虫子。"

西西说："我们用浇花的水壶把虫子冲走。"

宁宁说："虫子还会再回来，怎么办呀？"

讨论陷入了僵局，孩子们讨论的声音也越来越小。

老师对孩子们说："咱们再想想其他办法吧，也可以请爸爸妈妈帮忙。"

老师同时给孩子们增加了一项新的任务：把想到的解决方法用绘画的形式记录下来，第二天和小朋友一起讨论分享。

（2）分享交流创意。第二天，孩子们在讨论分享中积极性很高，各抒己见。看来前一天晚上他们花了很多工夫，找到了解决办法（见图6-6、图6-7、图6-8、图6-9）。

图 6-6　收集烟头用来泡水

图 6-7　辣椒粉

图 6-8　花露水兑洗衣粉

图 6-9　大蒜泡水

多多说："我爸爸说用烟头泡的水可以杀虫子，我画的是收集烟头用来杀虫。"

月月说："我画的是自动捉虫子的机器人，机器人的手臂很长，可以捉虫子。"

长泽说："我觉得辣椒做成辣椒粉可以杀虫子，辣椒很辣，可以把虫子们都辣死。"

叮当说："我妈妈告诉我，花露水和洗衣粉兑在一起的溶液可以杀虫子。"

志远说："我和妈妈想出的办法是把大蒜捣碎泡水来杀虫子。我被蚊子咬了，妈妈就给我涂大蒜水，涂上有股怪怪的味道。虫子一定不喜欢大蒜水。"

（3）优化创意。老师建议通过投票的方式选出大家认为最好的方法（见图 6-10）。孩子们听了都表示同意。投票开始了，大家一边投票一边说着自己的选择的理由。

图 6-10　投票选择

豆豆说："我选择收集烟头，我爸爸会抽烟，我今天让他多抽点儿。"

月月质疑："之前老师给我们讲过抽烟有害健康，你忘了吗？"

文轩说："那咱们别用烟头啦。"

晨晨说："我觉得洗衣粉和花露水儿喷在菜叶上也不好，菜叶上都是花露水的味道，还怎么吃啊，我选大蒜水。"

红红说："机器人小朋友是做不出来的，我觉得辣椒粉的方法最好。"

投票结束后，大家又一起进行了票数统计，最终大蒜水以九票排名第一，辣椒粉以七票排名第二。由于洗衣粉水和烟头不是很理想，还会有有毒物质的残留，而机器人小朋友太小不容易实现，所以孩子们选择了大蒜水和辣椒粉。投票使孩子们学会了选择，并尝试解释自己的想法。

（4）探索方案。投票完成后，大家首先尝试了使用辣椒制作辣椒粉，可是在制作的过程中，孩子们遇到了问题。长泽说："老师，辣椒很呛人，刚才辣椒差点儿溅到我的眼睛里。要是真弄到眼睛里该多疼啊，我感觉这个方法不好。"老师对长泽说："敢于质疑自己的想法，而不是坚持认为自己就是对的，你太棒啦！"从安全的角度，孩子们最终选择了制作大蒜水。围绕着如何制作大蒜水，孩子们又开始了新的讨论。多多说："要把大蒜剥了皮，这样味道才大，才能熏走虫子。"几瓣蒜、一头蒜、两头蒜，大家的意见各不相同，于是开始分组制作大蒜水。

进行区域活动时，孩子们自由寻找可以制作大蒜水的工具，各种东西都被大家从区域中拿出来，成了捣蒜的工具。大家都开始卖力地剥蒜捣蒜，捣了一会儿，大家发现圆柱形积木和圆柱形乐器捣得最快。

蒜捣好后，大家找来了几个外形一样的矿泉水瓶，把捣碎的蒜放入瓶子，并灌了水，放置进行发酵（见图6-11）。为了支持孩子们的自主学习与活动，老师在班里专门创设了材料角，请孩子们把收集到的关于驱虫水的各种材料和工具都放在里面，方便使用。

图 6-11　大蒜水制作完成

放置一夜后，期待已久的自制无毒驱虫水做好并可以使用了。大家发现几瓣蒜泡的水味道很小，两头蒜泡的水味道很大。喷了两次，孩子们发现还是含蒜量大的水驱虫效果好。连续喷了三周驱虫水后，虫子越来越少，菜越长越好。经过一个多月的努力，菜地终于丰收了（见图6-12）。

图 6-12 自制"驱虫水"效果显著，油菜丰收

（5）成果分享与推广。孩子们看到自己的探索尝试有了成果，而且其他班级的菜叶上也有很多虫子，就想到了分享。

为此，大家又开始了讨论。通过讨论，大家决定制作驱虫水的说明书和海报，以便向其他班的小朋友推广。

（案例分享：季婷婷；指导专家：沈心燕）

点评：

Q 问题（question）：一切发明创造均来源于善于发现和提出生活中的"真问题"。要培养孩子自主发现与提出问题的能力，形成敢问、爱问、会问的能力和习惯，这是问题解决的前提。

E 探索（explore）：每一个孩子的问题解决方案都应当得到尊重和重视；孩子们的探索方案其实就是"假说"，科学就是通过不断验证和否定假说发展的；投票决定集体探索的主题，体现了教育民主；自我否定的"辣椒粉杀虫"方案，体现了批判性思维，也是另一种敢为性创新人格的体现。

O 优化（optimize）：教师或家长需要帮助孩子明确要解决的两难问

题，如"怎样让我们的杀虫水既要灭虫效果好，又能无毒无害？"寻找制作工具的过程，就是优化问题解决方法与途径的过程，关乎工作的效率。

S 展示（show）：采摘成果是油菜种植最好的展示方法。

A 行动（act）：品尝自己种植的无毒无害蔬菜，享受创造的果实；制作海报，广而告之，具有产品推广意识和执行力；既贴近儿童生活，又高于生活。

艺术领域：美术与戏剧中的创造力

艺术是人类感受美、表现美和创造美的重要形式，也是人类表达自己对周围世界的认识、情感及态度的特有方式。艺术本身是美的，美是艺术追求的本质，是艺术的本体论；而艺术的灵魂是创新，创新是艺术的生命，是艺术的工具论。美术、音乐、舞蹈和戏剧等形式是孩子表达美和创造美最为常见的方式，是孩子想象力和创造力最自然的表现形式。家长可以鼓励孩子，和孩子一起用美术、音乐、舞蹈、情景剧等多种方式表达自己的创意和创造。

以下两个创意供参考。

画是儿童飞翔的"心"

儿童画是什么？是孩子飞翔的心！

当孩子们关注现实生活，运用手中的画笔，以无比纯真的心灵、无拘无束的想象力试图"解决"问题、"改变"世界时，他们往往会表现出令人惊叹的想象力和创造力！

许多家长在孩子学习绘画时，常常将画得像不像作为评判孩子绘画能力的标准。其实，画得像不像只是模仿，而画得好不好才是创造。

成人将世界装进了"童话"，以表达自己的思想；儿童则用"童画"创造世界，表达自己无拘无束的天真烂漫的想象力。

在《人能用 E-mail 发送吗？》这幅儿童画作品中，5 岁的齐海琨大胆提出设想：文字和照片可以用 E-mail 发送，对方一秒钟就可以收到；人是否也可以用 E-mail 发送呢？我要在我的身上安装一个转换器，一按电钮，我就被从家里送到很远很远的迪士尼儿童乐园啦！这该是多么美好的事情啊！

　　人有可能用 E-mail 发送吗？让我们拭目以待吧（见图 6-13）。

图 6-13　儿童创意作品《人能用 E-mail 发送吗？》

　　据报道，中国科学院院士、中国科学技术大学潘建伟教授领导的研究组在"量子态超空间转移"领域取得了突破性进展，2009 年成功实现了世界上最远距离的量子态隐形传输。潘建伟说："为什么我们不可以大胆一些，不可以想象：由各种各样分子组成的人，也可以在瞬间带着他所有的记忆，带着他的品质，带着他的痛苦和欢乐，甚至包括感冒，传输到遥远的地方？"看来，科学家们正在努力一步步地使孩子们的幻想成为现实……

家庭创意故事剧：《拔萝卜》新编

以创意故事为素材，用家庭情景剧的表现方式，培养孩子的想象力和创造力，是孩子们特别喜爱的表现方式。以下是一个创意故事剧，家长可以鼓励孩子，并和孩子一起进行角色扮演和情景剧再现，帮助孩子自由表达创意和创造。

主题思想

本剧通过小伙伴想办法帮助老公公拔出大萝卜的事件，表现出面临问题时积极运用创造性思维解决问题的重要性，培养孩子助人为乐的优良品格。

剧情简介

老公公种了一个大萝卜，他在众人的帮助下把萝卜拔了出来。第二年，老公公又要拔萝卜，可是不巧，大家都不在家。此时，正在找家的小鼹鼠不顾自己的困难，用自己擅长挖洞的本领帮助老公公拔出了萝卜。为了表达感谢，大家为小鼹鼠造了一座萝卜房子，解决了小鼹鼠的困难，又利用挖出来的碎萝卜举行了萝卜野餐会，使大家吃到了美味的萝卜。

人物

老公公、老婆婆、沙皮狗、兔美美、甜心猫、小鼹鼠。

场景：有一个更大的"萝卜"在场地中央，欢快的丰收音乐渐弱。

旁白：第一年，老公公种的大萝卜由大家一起帮忙拔了出来。第二年，老公公又种了些萝卜。

（缓慢的音乐起。）

老公公（快乐自豪地）：哈哈！我的萝卜超级大，浇水施肥爱护它，萝卜好吃又美味，我的心里乐开花！

老公公（拉着萝卜叶子，用力）：嗨哟，嗨哟！

老公公（叉腰看着萝卜自言自语）：今年这个超级大萝卜，我还得找人一起拔！

老公公（叫）：老婆婆，老婆婆，快来帮我拔萝卜！

旁白：没有人答应。

老公公（疑惑）：咦？老婆婆去哪儿了？

老公公（拍一下脑瓜）：噢，想起来了，老婆婆一大早就带着沙皮狗、兔美美、甜心猫去集市了。

老公公（坐下来，发愁）：大家都不在，这可怎么办呢？

旁白：老公公发愁了，没有了老婆婆、沙皮狗、兔美美和甜心猫的帮忙，怎么才能拔出萝卜呢？

（小鼹鼠在欢快的音乐中上场。）

小鼹鼠（摊开双手）：小鼹鼠，心里慌，家里淹水不能住，重新挖洞我要忙。（低头边找边说）哪里适合再造一个新家呢？（看到老公公和大萝卜，惊奇地）哇！好大的萝卜呀！老公公，这是您种的萝卜吗？

老公公：是啊，我的大萝卜是挺好，可是……

小鼹鼠：可是什么？

老公公（发愁）：可是它太大了，没人可以帮忙，怎么把它拔出来呢？

（小鼹鼠顺时针围着萝卜看了看，又逆时针围着萝卜看了看，突然拍手跳起来。）

小鼹鼠：我有办法！

（节奏欢快的音乐响起。小鼹鼠围着萝卜开始挖土，老公公在旁边一边看，一边摸着胡子点头微笑。小鼹鼠把萝卜周围的土都松动以后，萝卜倒下来。）

小鼹鼠和老公公：哈哈，萝卜拔出来喽！

（舒缓轻快的音乐起。）

（老婆婆、沙皮狗、兔美美、甜心猫齐上场，大家一起围着大萝卜感叹今年的萝卜真大，问老公公是怎么拔出来的。）

老公公：这么大的萝卜我一个人怎么拔得动！这次多亏了小鼹鼠的帮忙……

众人（唱歌、跳舞）：萝卜萝卜长得大，长得大来也不怕，只要开动小脑筋，就有办法拔出它！

老公公：对了，小鼹鼠，你怎么会在这里呀？

小鼹鼠（有点伤心）：我的家被水淹了，正要找地方重新造一个新家呢！

老公公（感动）：你自己有困难还想办法帮助我，真是太感谢了！

小鼹鼠（摆手）：不用谢，大家互相帮助是应该的。

沙皮狗：小鼹鼠真了不起，我要向小鼹鼠学习！

老婆婆：小鼹鼠没有了家，那怎么行呢！

众人：是呀。

（老婆婆看着大萝卜，顿悟。）

老婆婆：哎！我们就用大萝卜给小鼹鼠造一个新家吧。

老公公（高兴）：啊，造一个萝卜房子！这是个好主意，这样我们既不用运萝卜，还能解决小鼹鼠的困难。

众人（点头）：那我们就行动起来吧。

（音乐响起，大家忙碌起来，开始造房子。）

甜心猫（突然停下来）：造房子好是好，可是有一个新问题，我们挖出来的碎萝卜怎么办呢？

（这个问题好像把大家问住了，大伙儿都停下来。）

沙皮狗（突然问）：我们为什么要拔萝卜？

（大家你看看我，我看看你。）

兔美美（抢着说）：萝卜好吃呀！

甜心猫（点头）：对呀，这么新鲜的萝卜扔掉，太可惜了。我们正好可以把挖出来的碎萝卜吃掉，既不浪费，又可以开一个萝卜野餐会呢！

众人（高兴地拍手）：真是个两全其美的好主意啊。

兔美美：就由我、甜心猫和小鼹鼠一起为大家准备野餐会吧。

（大家继续忙碌起来。有的"造房子"，有的"准备野餐"。老公公、老婆婆和沙皮狗把萝卜房子推上场。小鼹鼠、兔美美、甜心猫在房子旁边摆好了野餐。大家拉着手，在舞台前半部分跳舞庆祝。）

众人齐唱诵：萝卜太大拔不动，小小鼹鼠有办法，遇到问题勤动脑，拔出萝卜笑哈哈！萝卜萝卜用处大，激发创意我爱它，能造房子又美味，明年到来还种它！

（剧终）

巧思法让家园共育更精彩

巧思法作为最优问题解决方法论，不仅可以在培养儿童创造力方面得到运用，而且能帮助家长解决家庭育儿问题，特别是优选思维，在解决育儿中的两难问题、提高家庭教育水平、推动家园教育共同体建设方面有着独特的作用。

优选思维解决育儿两难问题

在家庭教育实践中，常常会遇到许多两难问题，如自由与规则、民主与权威、保护孩子的安全与鼓励孩子大胆尝试等，比如"给"还是"不给"？"争"还是"不争"？"陪"还是"不陪"？这些让家长在育儿实践中深感矛盾、左右为难的家庭教育问题，可以用巧思法中的优选思维进行破解。幼儿园可以和家长一起开展优选思维推广活动，让家长通过学习一些典型案例，逐步熟悉、掌握优选思维的基本原理和方法，既理解育儿的"道"（原理），又会灵活运用育儿的"术"（方法）。其基本步骤为：问题诊断—问题分析—优化问题解决方案—实施与效果检验，即将家庭育儿两难问题的基本信息和事件描述清楚后，对其进行问题诊断，并对两难问题进行矛盾分析，进而提出优化的问题解决方案——优选解，再将方案中的具体建议在日常生活中实施，检验其效果，以优化家庭教育的微环境，倡导智慧育儿，促进亲子关系的和谐及儿童的健康成长。

《苏三起解》风波

清清在家里和奶奶学会了唱京剧《苏三起解》，在每周一的升旗仪式上向全园的小朋友和老师表演并获得了好评。于是，清清对这段戏的兴趣更浓了，多次在班里的小小才艺活动中展示。这天在升旗仪式上，老师询问有哪位小朋友愿意表演节目，清清把手举得高高的，于是老师请她表演。当问她表演什么节目时，清清很自豪地说："《苏三起解》！"其他小朋友一听，有些不耐烦地说："哎呀，怎么又是老段子？！"听到小朋友这句话，清清脸上的兴奋劲儿一下子就消失了。

1. 问题诊断

这件事例中的两难困惑是：清清小朋友能够踊跃地为大家表演有助于她建立自信心，可如果让清清继续表演，满足其表演欲望，那么其他小朋友则会情绪低落，无心欣赏；如果照顾其他小朋友的情绪不让清清表演，那清清的积极性和自信心又会受到打击。这一现象的本质是"兴趣和内容""自我与利他"的矛盾。

2. 问题分析

通过矛盾模型及分解图（见图 6-14）提出优选解——既要满足清清的表演欲望，培养其自信心，又要让其他孩子保持兴趣，达到"鱼与熊掌兼得"的效果。其优选解的问题焦点是：如何让清清的节目受小朋友欢迎。

图 6-14　矛盾模型及分解图

3. 优化问题解决方案

在与家长充分沟通并了解小朋友意愿的基础上，优化的问题解决方案出台了：① 班级开展京剧主题活动，收集资料，观看京剧动画片，让孩子们了解京剧，培养兴趣；② 鼓励清清学习新的京剧段子；③ 清清请自己的奶奶（京剧行家）来幼儿园，带着班里的孩子一起学唱京剧、做动作，清清也当小老师教小朋友学唱京剧。

4. 实施与效果检验

让清清当小老师不但增强了她的自信心，而且调动了其他孩子的参与热情。孩子们对京剧的了解和认识使他们对京剧有了很浓厚的兴趣，大家都会唱上两句，清清的兴趣转变成了全班小朋友的兴趣，结果皆大欢喜！这一案例应用了"内部需要激发法"的心理学原理，成功化解了"两难问题"。

把尿"变"成水

媛媛经常因为玩忘记去厕所而尿湿裤子，而媛媛又是一个性格内向、自尊心很强的女孩子。在冬天的一次游戏后，李老师发现媛媛的裤子又尿湿了，并且椅子和地面也湿了，于是拿来干净的裤子让媛媛换。媛媛却边躲边说："我没尿裤子……"老师怎么劝，媛媛也不肯换。

1. 问题诊断

此案例中的两难困惑是：如果不能引导媛媛把裤子换掉，会给她带来身体不适，还可能使她因受凉而生病。如果强制给媛媛换裤子，揭露其尿裤子的事实，则会伤害媛媛的自尊心。

孩子是情感丰富的独立个体，应尊重其心理感受。教师须采取巧妙的方法，调动孩子配合的积极性和主体性，避免命令和强制行为。

2. 问题分析

综合分析后，通过矛盾模型及分解图（见图6-15）提出优选解，既要"换掉裤子"，保护孩子健康，又要保护孩子的自尊心，不让孩子的心理受到伤害。

图 6-15　矛盾模型及分解图

优选解中的焦点问题是如何不让孩子的心理受到伤害，即如何在保护孩子自尊心的前提下，引导孩子将湿裤子换下来；如何从根本上解决媛媛尿裤子的问题。

3. 优化问题解决方案

（1）将尿"变"成水：教师假装不小心将一杯水洒到媛媛的身上和地上，带媛媛到无人的睡眠室换下洒了水的裤子，以解决当时令人尴尬的问题。

（2）在日常生活中教师和家长注意引导媛媛养成按时小便的好习惯。

①记录媛媛小便的规律，每次提前1～2分钟提醒媛媛小便。

②当媛媛能够及时小便时，给予其表扬和鼓励。

③请家长在家中培养媛媛按时小便的习惯。

4. 实施与效果检验

一个月后，媛媛能够自己主动如厕，主动性越来越强，再也没有出现过因玩得高兴忘记小便的情况。

父母学习一些解决两难问题的典型案例，逐步熟悉、掌握巧思法优选思维的基本原理和方法，既有助于理解育儿的原理，又有助于灵活运用育儿方法。经多次实践，这些"巧"的方法便能在解决家庭育儿问题时被灵活运用，以达到优化家庭教育微环境的目标，有效解决家庭教育中与孩子身体发育、认知发展和社会适应相关的一系列问题，促进亲子关系和谐与孩子健康成长。

分橘子的故事：来自千人报告会上的质疑

在河北省石家庄市的一次千人报告会上，我向家长们讲述了这样一个故事：一位母亲为了培养孩子的自我控制能力，买了一筐橘子，每次吃橘子都让孩子分，并给孩子定下了分橘子的规则：大的给妈妈，因为妈妈最辛苦；第二大的给爸爸，最小的给自己。等到还剩最后三个橘子时，孩子拿起了最大的那一个（每一次分橘子时他都舍不得分的那个橘子），他要求最后一次分橘子把最大的这个橘子分给自己。但是，妈妈没有答应孩子的要求，仍然坚持按规则办。事后她动情地说，当时她真没吃出那只橘子什么味儿来。她甚至想：作为母亲，这样做是不是太冷酷了点，这是孩子最后一点小小的要求啊。但是后来她认为，必须坚持按规则办事，否则前面的努力就会功亏一篑。

我赞成这位母亲的做法。我说，如果今天我们可以不遵守分橘子的规则，那么到幼儿园，孩子就会不遵守游戏规则，长大了他就会随意撕毁合同。我的演讲结束后，有15分钟和家长的互动时间。这时，一位孩子的父亲拿过话筒说："程教授，对您刚才分橘子的观点，本人不敢苟同，连法律都可以修改，您那个分橘子的规则为什么就不能修改呢？我完全可以把这个橘子作为一个奖品奖励给孩子啊。"这时，全场一片寂静。紧接着，我说："您提的这个问题非常好！看来没有什么标准的答案。可以这样来处置：如果您的孩子是个不愿遵守规则的孩子，那么，为了培养他的规则意识，您一定要坚持按照原来已经定好的规则办；如果您的孩子是个墨守成规的孩子，那么只要他说出正当的理由，您就可以满足他把最大的橘子分给自己的要求；如果您的孩子还没有学会分享，您就可以把属于自己的最大的这个橘子掰开，和大家分享，为孩子做出榜样；等等。正所谓教子有方，但无定法，贵在得法。而所谓'得法'，就是我们倡导的个性化教育。"话音一落，全场响起了热烈的掌声。

对于解决此类问题的思路和方案，以及个性化教育理念的传播，可以采用幼儿园或者家庭情景剧的方式，让家庭三代人不同成员（或老师）扮演不同角色，对不同解决方案进行讨论和争辩。这可以促进家庭成员之间和家园双方的良性沟通，特别是在促进家园共育理念一致性方面发挥着非常重要的作用，不仅可以提升家园共育的水平，而且对孩子的身心发展也会产生积极而深远的影响。

移动停车场：家庭创意延伸活动

6岁的黄克铭在幼儿园学习巧思法第三级《头脑风暴游戏》"停车不再难"的探索课程时，了解到汽车多车位少是导致停车难的主要原因。为了解决停车难的问题，黄克铭和小朋友提出了许多解决问题的办法，如可以建立体停车楼、可升降的停车楼等；可以步行、骑车、坐公交或地铁，提倡绿色出行；可以错峰出行；等等。还有的小朋友幻想制造一款"胶囊汽车"，把汽车变成小小的胶囊，随时带在身上，用车时能变大，想去哪儿就去哪儿，到达目的地后，就可以变成一粒胶囊装在口袋里。真是让人脑洞大开。

一天，克铭的妈妈带他到北京大学第三医院看病。到了医院，找停车位却成了大问题，偌大的停车场早已停满了车，他们转来转去，足足一个小时都没有找到停车位。焦急中，克铭提出，要是停车场像变形金刚一样，咱们一呼叫，它就赶来立刻变形出车位来，那该多好啊！妈妈听到这个解决停车难的创意，不禁叫好。回家后，妈妈鼓励克铭把他的创意画出来，在幼儿园和研究院专业人员的协助下，"移动变形停车场"不仅申请了专利，还被中国发明协会学前创新教育分会推荐参加了2018年第43届INOVA国际发明展，获得了银奖、罗马尼亚特别奖和加拿大特别奖（见图6-16）。

图6-16　儿童因创意作品"移动停车场"而获奖

这是一个典型的家园共育在培养孩子创造力方面取得丰硕成果的案例。孩子们的创新素养在幼儿园里通过巧思法课程得到启发后，孩子的创造力会得到充分激发，并会在生活的各种情境中得到展现。这便是家庭延伸创意发明活动的机会。家长此时要做的，就是敏感地捕捉孩子的创意，珍惜、保护他们的创造力，让孩子的创新思维和创新人格持续地得到发展。

让想象力飞一会儿：幼儿园—社区儿童创意画展

儿童是主动学习者。在各项活动中，他们是主动的探索者、研究者和发现者。我们一定要重视创设培养孩子发现自我、乐于创新的创造力培养"微环境"，即给孩子一个相对自由的时间与空间，创设一种能激发其创作欲望的环境氛围，让孩子能用自己喜欢的方式表达情绪和认识。可以通过由易到难、循序渐进的智趣实践：观察分析—引导构建—启发创造性思维—归纳总结，引导孩子逐步建立科学的思维方式，形成科学的做事思路。同时，敏锐地觉察孩子在活动中随时出现的探究兴趣，积极鼓励，巧妙搭建经验桥，让孩子亲身经历，勇敢实践，使其创造潜能、审美表现愿望和能力、创造性人格得以充分挖掘、激发和培养。

一次，北京市幸福泉幼儿园毕业班的孩子们在参观画展时，其中一个孩子萌生了办自己的画展的想法，这一想法提出后瞬间得到呼应，引起全班孩子的兴趣。大家决定运用巧思法办一场属于自己的毕业画展。

1. Q——问题环节

明确问题：怎样举办一场属于自己的画展？

2. E——探索环节和O——优化环节

（1）孩子们回家搜集、学习办画展的知识。

（2）孩子们通过商讨与提议，开始进行画展活动的筹备。

① 到北京著名艺术街区798艺术书画馆参观艺术家举办的画展（见图6-17），看看真正的画展是什么样的。

图6-17　小朋友到北京798艺术书画馆参观画展

② 孩子们商讨确定画展主题为：童心·童画毕业画展。

③ 孩子们分工合作，成立筹备组：大家推选了一个孩子担任画展总监，成立了设计部、宣传部和材料部，教师征得孩子们的同意当了总监助理（配角）。

图 6-18、图 6-19、图 6-20 所示为孩子们正在甄选、加工画作，采购材料和对画展进行推广。

图 6-18 设计部的孩子们对每幅画进行甄选、加工

图 6-19 材料部深入建材市场与画料市场采购此次画展的必需品

图 6-20　宣传部将有关画展的信息广而告之，扩大画展的参观对象

④ 通过不断尝试，孩子们设计出 W 型摆放模型。孩子们请幼儿园的保安叔叔帮忙，按照模型做出展板（见图 6-21、图 6-22）。

图 6-21　小朋友设计出 W 形作品展示背景板（左），请保安叔叔帮忙制板（右）

图 6-22　小朋友给作品背景板涂色（左、中），保安叔叔帮忙晾干背景板（右）

3. S——表达环节和 A——行动环节

孩子们将画展作品分为三大主题（见图 6-23）：第一个主题是"记忆的盒子"，代表孩子们练习绘画基础的初期；第二个主题是"绘心的手"，描绘孩子们积累的技巧，绘出心中的图画；第三个主题是"飞翔的心"，代表孩子们拥有创造性思维，已经开辟出新的广阔天地。

图 6-23 毕业画展：记忆的盒子（左）、绘心的手（中）、飞翔的心（右）

孩子们制作邀请函，邀请幸福泉创始人程淮教授、中国少年儿童出版社编审、国际安徒生美术提名奖获得者吴带生先生参加画展开幕与点评活动。

画展开馆当天，北京市西城区政协领导、程淮教授、画家吴带生共同参与了剪彩活动。大班孩子带着满满的成就感激动地向来宾、家长和中小班弟弟妹妹介绍他们的作品，画家吴带生对孩子的作品给予了高度评价（见图 6-24）。

图 6-24 画展得到来宾的赞扬后孩子们开心得手舞足蹈

中班的孩子们以非常美慕和期待的眼神说："等我们毕业的时候，也要办这样的画展！"

这次画展活动由孩子们自主举办，他们的创造性思维、主动学习意识、社交能力、组织协调能力都得到了充分锻炼，真正地实现了乐于探究、乐于学习、乐于实践、乐于创造。

创新教育的哲学思考

在我们进行一种教育实践时，首先应当弄清楚这种教育实践背后蕴含的教育原理或教育哲学是什么。或者说，我们必须自觉地从教育哲学——最高层次的教育理论上清醒地把握我们的教育实践。美国当代教育哲学家乔治·F.奈勒在《教育哲学导论》中写道："那些不应用哲学去思考问题的教育工作者必然是浮浅的。"而任何真正的教育哲学都是自己时代精神的精华。需要捕捉时代精神，站在儿童发展与教育思想的前沿构建新时代的教育哲学，而这个时代精神就是"幸福"。获得幸福生活是家庭教育的根本目标，我们需要建构以"幸福"为核心价值的教育哲学，而它的方法论便是中华优秀传统文化的精华——中庸智慧。

我们多年的实践表明，在培养儿童创造幸福能力的过程中，须运用中庸智慧处理好七大关系，这就是我们倡导的七大教育哲学理念。

（1）教育思想："有教无类"（教育的公平）与"因人施教"（公平的教育）相统一。

（2）发展目标：合格＋特长。合格＝全面和谐发展，特长＝个性化发展。

全面发展是尊重儿童的全面发展权，而个性发展是尊重儿童的自由发展权。科学的教育哲学既强调"全面和谐发展"，又强调"富有个性发展"，实现全面发展和个性发展相统一。

（3）教育方法：既不能"揠苗助长"，又不能"压苗阻长"。

（4）成才策略：不争"第一"，创造"唯一"。让孩子时时、处处争"第一"是不现实的，但是可以创造"唯一"。我就是我，我与众不同！因为差异就是优势，就是竞争力，要充分发挥每个儿童的优势潜能，并适应某种社会需求，走出一条与众不同的成才之路，只有这样才能获得属于自己的幸福生活。这便是我们倡导的成才并幸福的策略。

（5）教育思维："三思"而行新解——既要"反思"，又要"前思"，更要"巧思"。

仅仅有反思是不够的，因为反思往往是"马后炮"，是"事后诸葛亮"！因此，我们还需要有前瞻性的思维，要未雨绸缪，要学会"前思"。"前思"是对反思的"反思"，是一种更加积极的事前控制的高级思维能力。它通过对教育活动过程进行监测，或是预测可能产生的偏差，防患于未然；或是超前洞察动因，及时做出适应性反应，以求得更具前瞻性的有价值的教育成果。

诚然，反思和前思只是思考的时间不同，而思考最终的目标是解决问题。创造性地解决问题的思维就是"巧思"。儿童学会前思、巧思和反思这"三思"，才能成为能够全面思考的儿童。前思、巧思和反思理念的综合应用，将促进教师的专业化成长，有助于培养出时代所需要的既善于思考又勇于实践，还善于创造性地解决问题的学者型、创造型教师，也将大大提高家长的科学育儿水平，促使儿童幸福成长。

这也是我对孔子倡导的"三思而后行"的新诠释。

（6）发展评估："成长指数"和"幸福指数"一个都不能少！

不仅要关注儿童的成长指数，如体格、体质、体能等生长发育和智力及创造力等"成长指数"，而且要关注儿童的情绪和心理健康发展的"幸福指数"，这样才是全面、和谐、发展的教育。

（7）教育结果:变"赢在起点、输在终点"为"赢在起点、胜在终点"。

为儿童一生的幸福奠定可持续发展的基础，既要赢在起点，又要胜在终点。而所谓赢或胜的最终标准就是"幸福"。

处理好上述七大关系的教育哲学的方法论便是中庸智慧，都是"既要……又要……"，力求"鱼和熊掌兼得"。它不是剑走偏锋，而是强调适度、恰当地解决当下各种教育问题的科学的方法论。只有在科学的教育哲学的指引下，我们才能在教育实践中不偏离正确的方向。

附录 A
操作材料

未来的钱学森、袁隆平、屠呦呦、钟南山在哪里?

——就在今天我们的幼儿园里!

——就在我们的学校里!

每一个孩子都有天赋的创造潜能,只是需要我们将其"点燃"!

——程淮

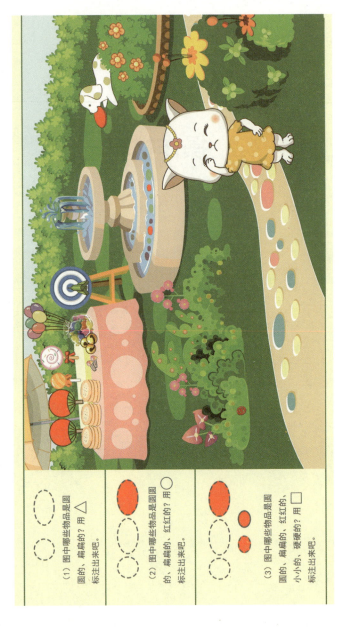

附录 A-1 《甜心猫丢了什么》操作单

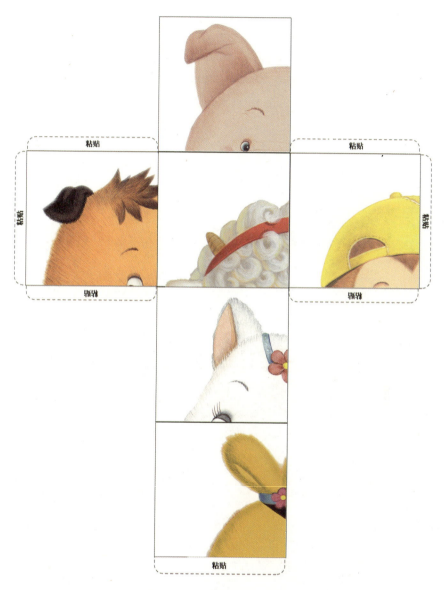

附录 A-2 六面体制作素材 1

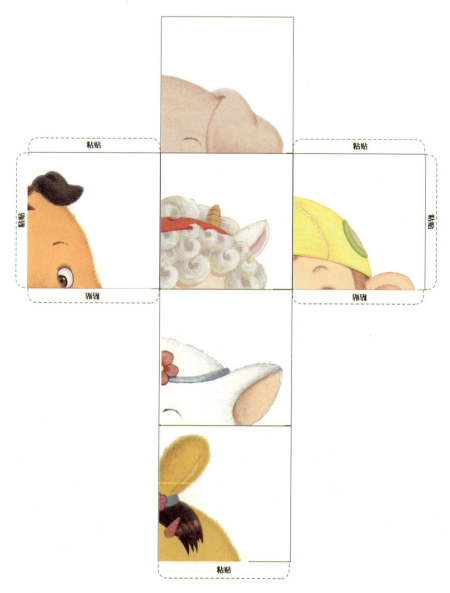

附录 A–3　六面体制作素材 2

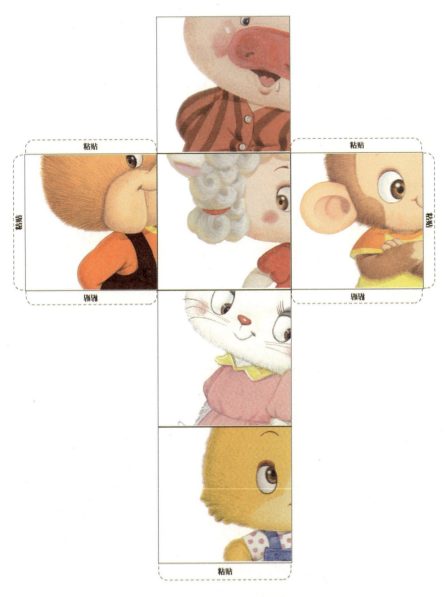

附录 A-4　六面体制作素材 3

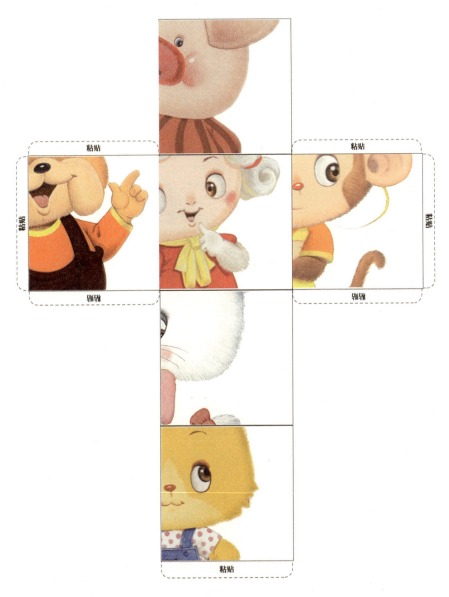

附录 A-5 六面体制作素材 4

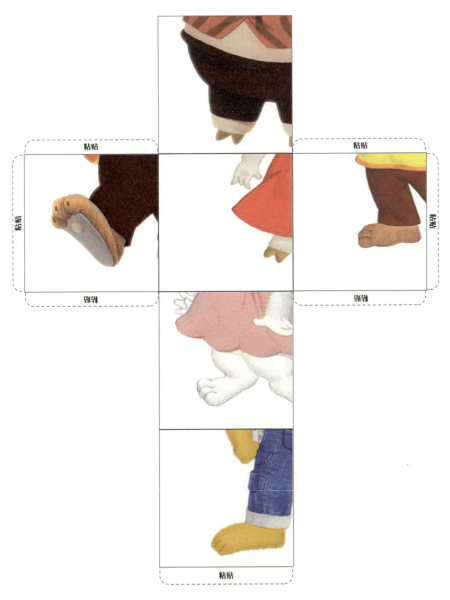

附录 A-6 六面体制作素材 5

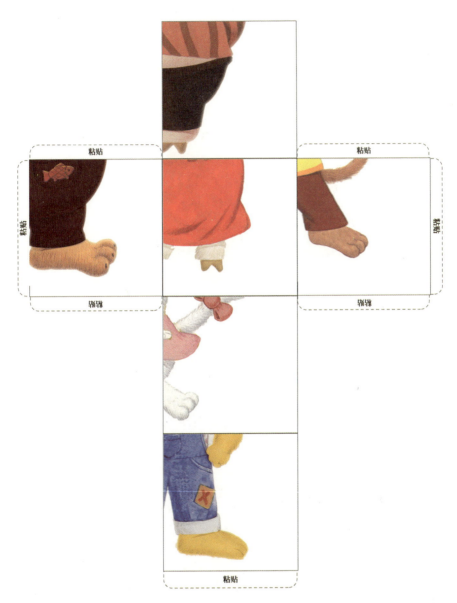

附录 A-7 六面体制作素材 6

甜心猫妈妈和沙皮狗爸爸怎么走才能顺利回家呢？要注意除了中间宽的路以外，沙皮狗爸爸走过的路，甜心猫妈妈不可以再走，不然会撞上！请仔细观察画面，用两种不同颜色的笔在迷宫中分别画出它们回家的路线吧！

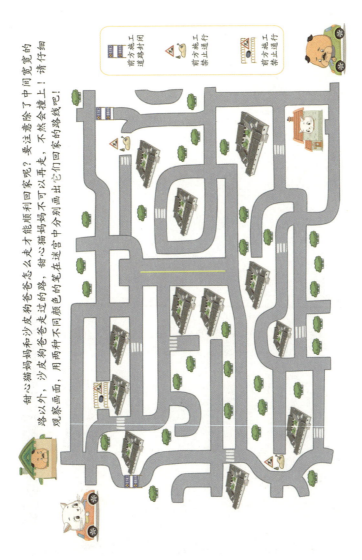

附录 A–8 寻找回家的路

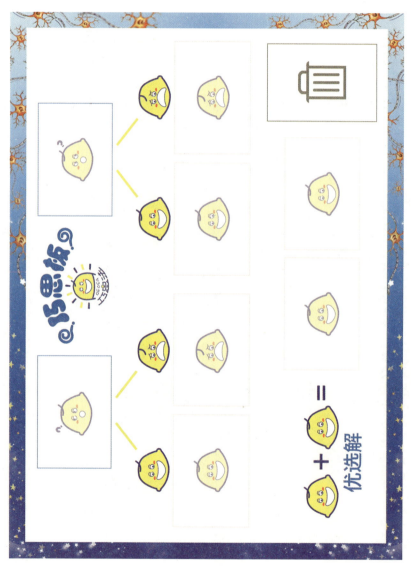

附录 A-9　巧思板——巧思法使用图解

选择把物品全部留下来

选择处理掉一些物品

满足随时使用的需要

不能满足随时使用的需要

室内杂乱，活动空间小

室内整洁，活动空间大

附录 A–10　《杂乱的房间》情境卡（正面）

附录 A-11 《杂乱的房间》情境卡（背面）

　　（a）操作单 2　　　　　　　　　　　（b）操作单 3

附录 A–12　《杂乱的房间》操作材料